▲ 彩图 2-1　用1000mg/L丁酰肼溶液喷施处理可使矮牵牛在15~20天进入盛花期，且使株型紧凑、开花整齐

（左为清水处理，右为丁酰肼处理，均为处理20天后的结果）

▲ 彩图 2-2　与清水对照（CK）相比，用20~40mg/L苄氨基嘌呤或30~36mg/L苄氨基嘌呤+30~36mg/L赤霉酸$_{4+7}$（苄氨基嘌呤+赤霉酸）溶液喷施处理，可促进植株生长和扩大冠幅，并促进花芽分化（上图为处理27天后的结果，下图为处理34天后的结果）

▲ 彩图 2-3

250mg/L吲哚乙酸+250mg/L萘乙酸混合溶液快浸香石竹插穗基部可促进发根

（处理25天后的结果）

▲ 彩图 2-4

用50mg/L苄氨基嘌呤溶液喷施香石竹植株可促发侧芽生长，增大冠幅

（左为苄氨基嘌呤，右为清水对照，均为处理55天后的结果）

▲ 彩图 2-5　用12.5mg/L烯效唑溶液喷施香石竹可使枝条矮壮，不易倒伏，且叶色浓绿

（左为对照，右为烯效唑处理，均为处理18天后的结果）

▲ 彩图 2-6　用50~75mg/L赤霉酸溶液喷施香石竹可使花苞增大、齐整，花梗粗壮

（处理后第14天的结果）

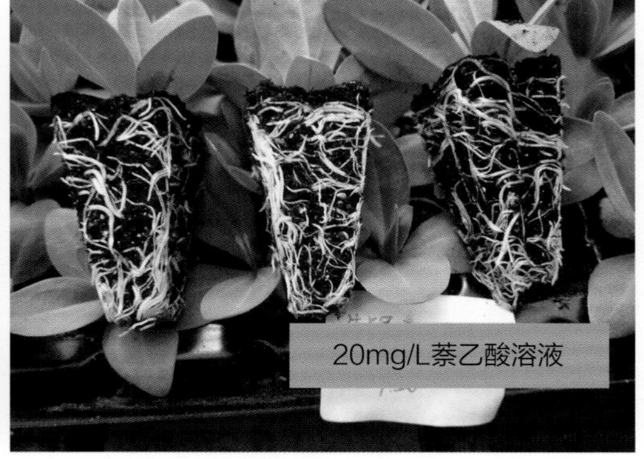

▲ 彩图 2-7　用20mg/L萘乙酸溶液浇灌洋桔梗穴盘苗可促进根系健壮、防止种苗徒长

（左为清水对照，右为萘乙酸处理，均为处理8天后的结果）

▲ 彩图 3-1　用250mg/L吲哚丁酸+250mg/L萘乙酸混合液快浸处理可促进菊花插穗生根和根系生长

（左为清水对照，右为处理组，均为处理25天后的结果）

▲ 彩图 5-1　不同浓度烯效唑溶液喷施处理可有效控制艾伦株高，并使株型紧凑

（1#、2#、3#分别为50mg/L、33mg/L和25mg/L烯效唑处理，CK为清水对照，均为处理21天后的结果）

▲ 彩图 5-2　在长寿花打顶后用33mg/L苄氨基嘌呤溶液进行茎叶喷雾处理，可促进侧芽分化和生长

（左为清水对照，右为苄氨基嘌呤处理，均为处理14天后的结果）

▲ 彩图 5-3　在长寿花一个花梗2~3cm时用17mg/L 烯效唑+1000mg/L丁酰肼溶液喷施植株，可矮化株型

（左为清水对照，中间及右边为烯效唑+丁酰肼溶液处理，均为处理40天后的结果）

▲ 彩图 5-4　不同生长延缓剂对春之奇迹喷施处理可有效控制生长，使株型紧凑

（1#、2#、3#分别为50mg/L、33mg/L和25mg/L烯效唑处理，4#、5#分别为50mg/L、100mg/L的2.5%多效唑+7.5%甲哌鎓复配剂处理，6#为对照，均为处理60天后的结果）

▲ 彩图 5-5　100mg/L苄氨基嘌呤溶液浸泡红葡萄叶片10min，可促进花芽形成且长势齐整

（左为苄氨基嘌呤处理，右为清水对照，均为处理后第70天的结果）

▲ 彩图 5-6　500mg/L吲哚丁酸+500mg/L萘乙酸快浸插穗基部可促进生根和增加根数

（左为清水对照，右为调节剂处理，均为扦插15天后的结果）

▲彩图 5-7

50~100mg/L苄氨基嘌呤溶液喷施茎叶可使蟹爪兰发芽和增大冠幅

（左为50mg/L苄氨基嘌呤，中间为100mg/L苄氨基嘌呤，右边CK为清水对照，均为处理57天后的结果）

▲ 彩图 5-8

在蟹爪兰花芽分化前用50mg/L苄氨基嘌呤溶液进行茎叶喷雾处理，可促进花芽分化且长势齐整

（左为清水对照，右边为苄氨基嘌呤处理，均为处理后第28天的结果）

▲彩图 5-9　不同浓度吲萘复配水剂（2.5%吲哚乙酸+2.5%萘乙酸）速浸或膏剂涂抹熊童子插穗处理，可促进生根

（1#、3#、5#分别为1000mg/L、500mg/L和250mg/L吲萘复配水剂速浸熊童子插穗处理，2#、4#、6#分别为1000mg/L、500mg/L和250mg/L吲萘复配膏剂涂抹熊童子插穗切口处理，13#为清水对照，均为处理31天后的结果）

▲彩图 6-1

25mg/L烯效唑溶液喷施大花蕙兰（品种为“黄鹤之舞”）二代苗茎叶，可有效矮化植株、使茎秆粗壮

（左边为清水对照，右边为烯效唑处理，均为处理4个月后的结果）

▲彩图 6-2

65mg/L烯效唑溶液喷施大花蕙兰（品种为“皇后”）三代苗茎叶，可有效矮化植株、使茎秆粗壮

（左边为清水对照，右边为烯效唑处理，均为处理2个月后的结果）

▲ 彩图 6-3　50mg/L苄氨基嘌呤溶液喷施杂交兰（品种为“黄金小神童”）三代苗，可促进花芽分化，增加花箭数量

（左边为苄氨基嘌呤处理，右边为清水对照，均为处理2个月后的结果）

▲彩图 7-1

菜豆树打顶后用100mg/L苄氨基嘌呤溶液全株喷雾，可促发新芽，并使后期冠形优良

（左为苄氨基嘌呤溶液处理，右为清水对照，均为处理40天后的结果）

▲彩图 7-2

水培菜豆树时在剪掉根部大多根系后用250mg/L吲哚丁酸+250mg/L萘乙酸混合溶液快浸处理，可促进发根和根系生长（处理25天后的结果）

▲ 彩图 7-3　500mg/L吲哚丁酸+500mg/L萘乙酸的混合液快蘸大叶黄杨插穗基部，促进生根和提高成活率

（左1为吲哚丁酸+萘乙酸混合处理，右1为清水对照，均为处理35天的结果）

▲ 彩图 7-4　在杜鹃花扦插后根部浇灌25mg/L吲哚丁酸+25mg/L萘乙酸混合液，可促使根系旺盛、地上部分齐整

（左为吲哚丁酸+萘乙酸混合处理，右为清水对照，均为处理110天的结果）

▲彩图 7-5

在杜鹃花花苞膨大期用1333mg/L乙烯利溶液叶面喷施处理，可延迟花期

（左为清水对照，右为乙烯利处理，均为处理35天后的结果）

▲彩图 7-6

鹅掌柴采用5mg/L诱抗素溶液全株喷雾，可减轻冬季霜害和雪害，提高抗冻性

（左为诱抗素处理，右为清水对照，均为处理20天后的结果）

▲ 彩图 7-7　发财树上盆后用25mg/L吲哚丁酸+25mg/L萘乙酸混合溶液喷淋桩头处理，可促进发根和根系生长

（左为清水对照，右为吲哚丁酸+萘乙酸处理，均为处理15天后的结果）

▲ 彩图 7-8

发财树桩头茎秆平切和割芽后用100mg/L苄氨基嘌呤+3~5mg/L复硝酚钠复配液全株喷雾处理，可提升发财树新芽的生长量和芽的整齐度

（左为清水对照，右为苄氨基嘌呤溶液处理，均为处理10天后的结果）

▲ 彩图 7-9

发财树割芽后2~7天用250mg/L烯效唑全株喷雾，可明显控制后期枝条生长速度，缩短节间距

（处理30天后的结果）

▲ 彩图 7-10

水培黑金刚橡皮树时在剪掉根部大多数根系后用250mg/L吲哚丁酸+250mg/L萘乙酸混合溶液快浸处理，可促进发根和根系生长

（左为吲哚丁酸+萘乙酸处理，右为清水对照，均为处理45天后的结果）

▲ 彩图 7-11　黑金刚橡皮树打顶后用100mg/L苄氨基嘌呤+3~5mg/L复硝酚钠复配液全株喷雾，可提高长势和增大植株冠型

（左为苄氨基嘌呤+复硝酚钠复配液处理，右为清水对照，均为处理45天后的结果）

▲ 彩图 7-12　在红檵木修剪后用600mg/L胺鲜酯+600mg/L乙烯利+167mg/L烯效唑的混合溶液叶面喷施处理，可明显矮化植株，减少修剪量

（左为清水对照，右下部分为调节剂处理，均为处理45天后的结果）

▲ 彩图 7-13　在火棘盛花期用250mg/L萘乙酸水剂叶面喷施处理，可有效减少火棘结果和有利于苗木生长

（左为清水对照，右为萘乙酸处理，均为处理15天后的结果）

▲ 彩图 7-14

龙船花修剪萌发新芽后用167mg/L烯效唑控旺处理，10天后再叶面喷施33mg/L苄氨基嘌呤+800倍磷酸二氢钾溶液，可促进提前开花，且花期整齐

（上部为控旺促花处理，下部为清水对照，均为处理60天后的结果）

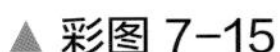

▲ 彩图 7-15

在牡丹苗裸根移栽后用50mg/L吲哚丁酸+50mg/L萘乙酸溶液配合氨基酸钙肥浇灌，可促进生根和根系生长

（左为清水对照，右为促根处理，均为处理40天后的结果）

▲ 彩图 7-16

天竺桂修根后栽植并用25mg/L吲哚丁酸+25mg/L萘乙酸浇灌处理，可有效促进生根和根系生长

（处理25天后的结果）

▲ 彩图 7-17

在小叶女贞修剪后用600mg/L胺鲜酯+600mg/L乙烯利+167mg/L烯效唑混合液叶面喷施处理，可明显矮化植株，减少修剪量

（左为调节剂处理，右为清水对照，均为处理35天后的结果）

▲ 彩图 7-18　香樟盛花期用200~250mg/L萘乙酸溶液喷施可有效催落花果

（左为清水对照，右为萘乙酸处理，均为处理7天后的结果）

▲ 彩图 7-19 1000mg/L萘乙酸+1000mg/L吲哚丁酸浸泡叶子花（品种为“红粉佳人”）木质化插穗基部10~20min，可促进生根和根系生长

（左为清水对照，右为调节剂处理，均为处理45天后的结果）

▲ 彩图 7-20 叶子花（品种为“绿叶樱花”）旺长期修剪当天用50mg/L烯效唑溶液喷施植株，可延缓生长、促进花芽分化，并使花苞片增多和提前开花

（左为调节剂处理，右为清水对照，均为处理30天后的结果）

▲ 彩图 7-21 叶子花（品种为“绿叶樱花”）旺长期修剪当天用400mg/L多效唑+400mg/L甲哌鎓混合液喷施植株，可延缓生长、促进花芽分化，使花苞片增多和提前开花

（左为调节剂处理，右为清水对照，均为处理30天后的结果）

▲ 彩图 7-22　在叶子花盆花出货的前7天与前2天，用20mg/L二氯苯氧乙酸或50mg/L萘乙酸溶液进行喷施处理，可有效减轻模拟贮运期间叶片和苞片的脱落和品质下降

（左上图为装箱时植株外观，左下图为清水对照；右上图7#为20mg/L二氯苯氧乙酸溶液喷雾处理，右下图4#为50mg/L萘乙酸溶液喷雾处理，均为密封装箱7天）

▲ 彩图 7-23　一品红嫩枝扦插繁殖时用900mg/L萘乙酸溶液速浸插穗处理，可有效促进插穗生根和提高成活率

（左为萘乙酸处理扦插苗的长势，右为萘乙酸处理扦插苗的根系生长情况，均为处理20天后的结果）

▲ 彩图 7-24　在樱花花苞期用40mg/L苄氨基嘌呤＋2.54mg/L吲哚丁酸+2.54mg/L萘乙酸的混合液，可有效延长樱花观赏期

（左为调节剂处理，右为清水对照，均为处理5天后的结果）

▲ 彩图 7-25　用500mg/L萘乙酸或150倍5%吲哚丁酸+5%萘乙酸混合溶液速蘸切花月季（品种为“紫色年华”）插穗，可促进生根和提高成活率

（左上为清水对照，1#为吲哚丁酸+萘乙酸处理，4#为萘乙酸处理，均为处理22天后的结果）

▲ 彩图 7-26　用12.5mg/L烯效唑溶液喷施处理盆栽月季（品种为“玫红”），可明显控制株高、增加叶色

（左为烯效唑处理，右为清水对照，均为处理15天后的结果）

▲ 彩图 7-27　在月季修剪后第2天用25mg/L苄氨基嘌呤溶液喷施全株，可促进侧芽萌发，且萌芽整齐

（左为苄氨基嘌呤处理，右为清水对照，均为处理7天后的结果）

▲ 彩图 7-28　用50nL/L 1-甲基环丙烯气熏法预处理6~8h可有效延缓月季（品种为“玛利亚”）切花的衰老和延长观赏寿命

（左为1-甲基环丙烯处理，右为清水对照，均为处理8天后的结果）

▲ 彩图 7-29 在紫薇盛花期用250mg/L萘乙酸喷花穗，可避免紫薇结果
（左为萘乙酸处理当天，右为萘乙酸处理15天后的结果）

▲ 彩图 8-1 用100mg/L赤霉酸溶液浸泡草地早熟禾的种子24h，可促进种子萌发和幼苗生长
（左为赤霉酸处理，右为清水对照，均为播种13天后的结果）

▲ 彩图 8-2 用250mg/L烯效唑溶液喷施早熟禾草坪，可明显减缓草坪生长速度
（左为清水对照，右为烯效唑处理，均为处理后40天的结果）

▲ 彩图 8-3　用50mg/L赤霉酸溶液与复混肥（N：P：K= 22：8：15）处理，可促进草坪提早返青

（左为赤霉酸处理，右为清水对照，均为处理18天后的结果）

▲ 彩图 8-4　用20mg/L诱抗素喷施高羊茅，可显著提高草坪抗旱能力，延迟草坪枯黄时间

（左为清水对照，右为20mg/L诱抗素处理，均为处理7天后的结果）

▲ 彩图 8-5　用50mg/L赤霉酸溶液喷施狗牙根草坪，可明显促进狗牙根茎生长，加速成坪

（左为空白对照，右为赤霉酸处理，均为处理7天后的结果）

▲ 彩图 8-6　春季低温时期用50mg/L赤霉酸溶液喷施处理海滨雀稗草，可提前返青

（左为赤霉酸处理，右为清水对照，均为处理14天后的结果）

▲ 彩图 8-7

用200mg/L烯效唑溶液喷施黑麦草，可明显减缓草坪生长速度

（左为烯效唑处理，右为清水对照，均为处理30天后的结果）

▲ 彩图 8-8

用33mg/L苄氨基嘌呤、25mg/L吲哚乙酸+25mg/L萘乙酸混合液喷淋细叶结缕草，可加快成坪速度

（左为调节剂处理，右为清水对照，均为处理15天后的结果）

▲ 彩图 8-9　用50mg/L赤霉酸、2mg/L苄氨基嘌呤复配制剂喷淋细叶结缕草，可加速成坪和延长绿期

（左为赤霉酸与苄氨基嘌呤复配制剂处理，右为清水对照，均为处理25天后的结果）

▲ 彩图 8-10　用20mg/L诱抗素处理结缕草草坪，明显提高草坪抗旱能力，减少枯黄
（左为清水对照，右为诱抗素处理，均为处理15天后的的结果）

▲ 彩图 8-11　用200mg/L烯效唑溶液对匍匐剪股颖进行喷施处理，可有效降低匍匐剪股颖在春秋两个生长高峰期的株高
（左为烯效唑处理，右为清水对照，均为处理30天后的结果）

▲ 彩图 8-12
用25mg/L吲哚丁酸+25mg/L萘乙酸溶液喷淋匍匐剪股颖，可提高草坪地下部分根系生长量
（左为清水对照，右为调节剂处理，均为处理30天后的结果）

▲ 彩图 8-13
用20mg/L诱抗素喷施匍匐剪股颖可明显提高匍匐剪股颖的抗寒能力
（左为清水对照，右为诱抗素处理，均为处理5天后的结果）

▲ 矮牵牛

▲ 百日草

▲ 波斯菊

▲ 彩叶草

▲ 凤仙花

▲ 金鱼草

▲ 孔雀草

▲ 满天星

▲ 美女樱

▲ 蒲包花

▲ 三色堇

▲ 香石竹

▲ 洋桔梗

▲ 一串红

▲ 羽衣甘蓝

▲ 紫罗兰

▲ 醉蝶花

▲ 大花飞燕草

▲ 观赏凤梨

▲ 非洲菊

▲ 鹤望兰

▲ 红掌

▲ 椒草

▲ 金钱树

▲ 菊花

▲ 君子兰

▲ 芍药

▲ 松果菊

▲ 天竺葵

▲ 宿根福禄考

▲ 百合

▲ 大丽花

▲ 大岩桐

▲ 地涌金莲

▲ 风信子

▲ 姜荷花

▲ 马蹄莲

▲ 唐菖蒲

▲ 仙客来

▲ 郁金香

▲ 朱顶红

▲ 长寿花

▲ 春之奇迹

▲ 红葡萄

▲ 落地生根

▲ 钱串

▲ 生石花

▲ 昙花

▲ 仙人球

▲ 蟹爪兰

▲ 熊童子

▲ 大花蕙兰

▲ 蝴蝶兰

▲ 石斛兰

▲ 文心兰

▲ 北美冬青

▲ 倒挂金钟

▲ 杜鹃花

▲ 富贵竹

▲ 金丝桃

▲ 红千层

▲ 蜡梅

▲ 蓝花楹

▲ 蓝雪花

▲ 龙船花

▲ 梅花

▲ 美国红枫

▲ 牡丹

▲ 山茶花

▲ 苏铁

▲ 绣球花

▲ 叶子花

▲ 一品红

▲ 银杏

▲ 月季

植物生长调节剂在观赏植物上的应用

（第三版）

何生根 等 编著

化学工业出版社

·北京·

本书在第二版的基础上，介绍了当前常用植物生长调节剂对观赏植物的主要生理作用及其使用方法，并概述了植物生长调节剂在观赏植物苗木繁殖、生长调控、开花调节、养护与保鲜、提高抗逆性等方面的应用进展。分别介绍了植物生长调节剂在一、二年生草本花卉及宿根花卉、球根花卉、多肉植物、兰科花卉、木本观赏植物、草坪草共156种各类观赏植物生产上的应用技术和实例。

本书内容丰富，应用方法具体，知识性和实用性兼备，可供广大花卉种植者、经营者和花卉爱好者阅读，也可供园林花卉、林业等相关专业师生及科研、推广、管理等人员参考。

图书在版编目（CIP）数据

植物生长调节剂在观赏植物上的应用/何生根等编著.—3版.—北京：化学工业出版社，2019.6

ISBN 978-7-122-34119-8

Ⅰ.①植… Ⅱ.①何… Ⅲ.①植物生长调节剂-应用-观赏植物 Ⅳ.①S68

中国版本图书馆CIP数据核字（2019）第051106号

责任编辑：刘　军　冉海滢　　文字编辑：焦欣渝
责任校对：宋　夏　　装帧设计：关　飞

出版发行：化学工业出版社（北京市东城区青年湖南街13号　邮政编码100011）
印　　装：大厂聚鑫印刷有限责任公司
710mm×1000mm　1/16　印张11　彩插14　字数222千字　2019年9月北京第3版第1次印刷

购书咨询：010-64518888　　售后服务：010-64518899
网　　址：http://www.cip.com.cn
凡购买本书，如有缺损质量问题，本社销售中心负责调换。

定　　价：49.00元

本书编著人员名单

何生根　仲恺农业工程学院

李红梅　仲恺农业工程学院

郭翠娥　四川国光农化股份有限公司

颜亚奇　四川国光农化股份有限公司

黄祥富　广东大观农业科技股份有限公司

前言 PREFACE

观赏植物泛指具有一定观赏价值和生态效应，可应用于园林、花艺以及室内外环境布置和装饰，以改善和美化环境、增添情趣为目标的植物。换言之，种植观赏植物既可体现其特有的美学价值和生态意义，同时也是一项很有前景的商品生产活动。近年来，我国许多地方的观赏植物生产与消费发展迅速，并日益成为一项集经济、社会、生态效益于一体的绿色产业，也是我国农业领域中的朝阳产业之一。

在观赏植物生产中，植物生长调节剂的应用越来越广泛，发挥的作用也越来越大，并日益成为提高植物产量和品质的重要手段之一。迄今，植物生长调节剂在观赏植物生产上的应用已广泛涉及促进种子萌发和扦插生根、调控球根发育、组织培养、调控生长和化学整形、开花调节和促进坐果、切花保鲜以及延长盆栽植物和草坪草观赏期等多个方面。不过，相对于粮食、果蔬等作物来说，植物生长调节剂在观赏植物上的应用还有较大差距，应用潜力还远未得到开发。另外，植物生长调节剂的使用技术较其他常用农药更为复杂，而且该领域的知识更新和技术进步也很快。鉴于此，我们特编写《植物生长调节剂在观赏植物上的应用》（第三版），着重介绍植物生长调节剂在观赏植物生产上应用的基本知识和实用技术，特别是近年来植物生长调节剂在观赏植物上应用的新进展与新实例。

全书共分八章。第一章主要介绍当前常用植物生长调节剂对观赏植物的主要生理作用及其使用方法，并概述植物生长调节剂在观赏植物苗木繁殖、生长调控、开花调节、养护与保鲜、提高抗逆性等方面的应用现状和展望；第二章至第八章分别介绍植物生长调节剂在一、二年生草本花卉（23种）及宿根花卉（18种）、球根花卉（17种）、多肉植物（13种）、兰科花卉（9种）、木本观赏植物（63种）、草坪草（13种）共156种各类观赏植物生产上的应用技术和实例。

在编写本书时，力求做到科学性强、实用性强、操作性强、文字通俗易懂，以便于广大读者参考应用。在编写过程中，本书参考了大量有关文献资料。另外，本书编写得到了化学工业出版社、四川国光农化股份有限公司技术团队（蒋飞、刘刚、王林、许桐、徐家明、向剑超、毛国平、林江、张力铭等）和广东大观农业科技股份有限公司技术研发部（冼锡金等）的大力支持和参与。再者，本书编写还得到了国家自然科学基金（No. 31672180 和 No. 31272193）和广东省自然科学基金（No. 2014A03011027 和 No. 2016A030313374）以及广东省科技计划项目（No. 2016B030303007）等项目的支持。在此一并致以衷心的感谢。

鉴于本书涉及内容较为广泛，编撰方式也有一些新的尝试，加之编者水平有限，书中难免有疏漏和不足之处，敬请读者指正。

编著者

2019年3月28日

目录 CONTENTS

第三章 植物生长调节剂在宿根花卉上的应用 / 58

第四章 植物生长调节剂在球根花卉上的应用 / 74

第五章　植物生长调节剂在多肉植物上的应用 / 90

第六章　植物生长调节剂在兰科花卉上的应用 / 97

第七章　植物生长调节剂在木本观赏植物上的应用 / 106

第八章　植物生长调节剂在草坪草上的应用 / 146

参考文献 / 156

索　引 / 163

观赏植物生产与植物生长调节剂概述

第一节　观赏植物

一、 观赏植物及其重要性

观赏植物（ornamental plants）泛指具有一定观赏价值和生态效应，可应用于花艺、园林以及室内外环境布置和装饰，以改善和美化环境、增添情趣为目标的植物。虽然狭义上“花卉”往往指“可供观赏的花草”，但广义上花卉与观赏植物一样，泛指有观赏及应用价值的草本和木本植物等。观赏植物的观赏性十分广泛，包括观花、观果、观叶、观芽、观茎、观根、观姿、观色、观势、观韵、观趣以及闻其芳香等。

总体而言，观赏植物种植是为了体现其美学价值和生态意义。不过，生产实际中通常根据应用目的不同将观赏植物种植大致分为生产性种植和观赏性种植。生产性种植是以商品化生产为目的，主要是生产盆花、切花、种苗和种球等，从栽培、采收到包装、贮运完全商品化，进入市场流通，为国内外消费者提供各类观赏植物产品。观赏性种植则以观赏为目的，利用观赏植物的品质特色及园林绿化配置，美化、绿化公共场所、庭院以及室内等。在园林应用中，植物配置及造景则是在科学的基础上，将各种观赏植物进行艺术结合，构成能反映自然或高于自然的人工植物群落，创造出优美舒适的环境。如今，观赏植物生产已成为一项集经济、社会、生态效益于一体的绿色产业，也是我国农业领域中的朝阳产业之一。

二、观赏植物的种类

观赏植物种类繁多，来源甚广，并各自有着不同的生态要求，习性也各异。因此，观赏植物也有多种不同的分类方法（表1-1）。其中，以观赏植物的生态习性和生活习性为主的综合分类是目前观赏植物生产中最为普遍采用的分类方法，据此通常将观赏植物分为：①一、二年生花卉；②球根花卉；③宿根花卉；④多肉植物；⑤室内观叶植物；⑥兰科花卉；⑦水生花卉；⑧木本观赏植物等。

另外，按照观赏植物在花卉市场交易中的形态进行分类也是目前采用较多的分类方法，据此通常将观赏植物分为切花（含切叶和切枝）、盆栽观赏植物（盆栽观花植物、盆栽观叶植物）、种球、种苗和种子等（表1-2）。

表1-1　观赏植物常见分类方法比较

分类方法	分类依据	主要类别
按植物学分类	门、纲、目、科、属、种	蕨类植物、裸子植物、被子植物三大类，每类中再按科、属进一步划分
按环境条件分类	水分	水生花卉、湿生花卉、中生花卉、旱生花卉等
	温度	耐寒花卉、喜凉花卉、中温花卉、喜温花卉、耐热花卉等
	光照	依光照强度分为喜光花卉、耐阴花卉和喜阴花卉；依光照时间分为短日性花卉、中日性花卉和长日性花卉
按主要观赏部位分类	观赏植物器官	观花类、观果类、观叶类、观茎类、观根类等
按生态与习性综合分类	以生态习性和生活习性为主，并结合植物分类系统与栽培方法	一、二年生花卉，球根花卉，宿根花卉，多肉植物，室内观叶植物，兰科花卉，水生花卉，木本观赏植物等
按园林用途分类	观赏植物在园林中的应用	庭院树、行道树、绿篱植物、草坪草、地被植物、花坛花卉、室内花卉等
按花卉市场产品分类	观赏植物流通过程中的产品形态	切花、盆栽观赏植物、种球、种苗、种子等

表 1-2 按观赏植物在花卉市场交易中的形态进行分类

类别	亚 类	举 例
切花类	切花 切叶 切枝	菊花、月季、香石竹、唐菖蒲等 肾蕨、桉树叶、棕榈叶、天门冬、龟背竹等 银柳等
盆栽花卉类	盆花类 盆栽观叶植物	一品红、仙客来、杜鹃花、凤梨等 绿萝、发财树、橡皮树、榕树等
种球类	鳞茎类 球茎类 块茎类 根茎类 块根类	百合、水仙、郁金香等 唐菖蒲、小苍兰等 马蹄莲、仙客来、球根秋海棠等 鸢尾、荷花等 大丽花、花毛茛等
种苗类	裸根苗 营养钵苗	
种子类		草花种子等

三、观赏植物的生长与发育

观赏植物细胞的不断分裂、增大和能量积累的量变过程称为观赏植物的生长，这种体积和重量的增长是不可逆的。在生长中，通过细胞分化，形成观赏植物的根、茎、叶等器官，并且一些营养体向生殖器官——花、果实转化，这种使观赏植物结构和功能从简单到复杂的变化过程称为观赏植物的发育。观赏植物的生长和发育是紧密相连的，体现于整个生命活动过程中，不仅受到观赏植物内在遗传基因的支配控制，还受到环境条件的影响。观赏植物个体在其一生中既有生命周期的变化，也有年周期的变化。

（一）观赏植物的生命周期

观赏植物的生命周期是指观赏植物从形成新的生命开始，经过多年的生长、开花或结果，出现衰老、更新，直到观赏植物死亡的整个时期。观赏植物的生命周期一般经历种子的休眠与萌发、营养生长、生殖生长 3 个时期。不同观赏植物的个体发育从种子萌发开始，直至个体衰老死亡的全过程长短不同。一年生花卉的一生是在一年中一个生长季节内完成的。例如，凤仙花和鸡冠花等，一般于春季播种后，可在当年内完成其生长、开花、结实、衰老、死亡整个生命周期；二年生花卉是在相邻两年的生长季节内完成的，如雏菊和金盏菊，一般第一季播种萌芽，进行营养生长，越冬后于次年春夏开花结实和死亡；多年生的观赏树木幼年期长，一般要经历多年生长后才能开花结实，一旦开花结实，就能持续多年，然后经过十几年或数十年，甚至成百上千年，才趋于衰老死亡。

（二）观赏植物的年周期

观赏植物年周期表现最明显的有两个阶段，即生长期和休眠期的规律性变化。由于观赏植物种类繁多，原产地环境条件也极为复杂，因此不同观赏植物年周期的情况也不一样，尤其是休眠期的类型和特点多种多样，参见表1-3。

表1-3　几类观赏植物的年周期变化规律

种类	春	夏	秋	冬
一年生花卉	播种，萌芽，营养生长	营养生长，后期开花	开花，地上部位开始枯萎	死亡
二年生花卉	开花	枯死，或处于休眠（半休眠）状态	播种，萌芽，营养生长	低温下以幼苗状态越冬
春植球根	（种植）萌芽	开花、结实		地上部分死亡，地下部分以球根越冬
秋植球根	迅速生长及开花	地上部分枯死，地下部分以球根越夏	种植或萌芽	芽出地面或不出地面
宿根（落叶）	萌芽	开花、结实		地上部位死亡，地下部位根系宿存越冬

第二节　植物生长调节剂及其对观赏植物的生理作用

一、植物激素与植物生长调节剂的概念

植物的生长发育不仅受到阳光、水分、空气、养分和温度等环境因素的影响，还受到一系列生理活性物质的调控。这些能调节植物生长发育的化学物质被称为植物生长物质（plant growth substances），泛指植物体内的天然植物激素以及由人工合成的具有生理活性、对植物生长发育起调节控制作用的化合物。植物生长物质依据其来源又可分为植物激素和植物生长调节剂。

（一）植物激素

植物激素（plant hormones）是指在植物体内合成、能从产生部位运送到其他的作用部位，并在低浓度下具有明显调节生长发育作用的微量有机物。目前公认

的植物激素有生长素（auxins）、赤霉素（gibberellins）、细胞分裂素（cytokinins）、乙烯（ethylene）和脱落酸（abscisic acid）5种。除此之外，还陆续发现一些具有植物激素生理活性的物质，如芸薹素内酯（brassinosteroids）、多胺（polyamines）、茉莉酸（jasmonic acid）、水杨酸（salicylates）、三十烷醇（1-triacontanol）和独脚金内酯（strigolactones）等，它们也往往被视为新型的植物激素。另外，一些次生代谢产物，如多肽、一氧化氮等也被认为在调节植物生长发育方面以类似植物激素的方式起作用。

植物激素可有效调控植物生长发育的各个阶段，并参与植物胚胎发生、种子和球根萌发、营养生长、开花、果实成熟、叶片衰老、器官的休眠与脱落等生理过程。目前已知植物激素的各种生理作用，都是通过细胞信号转导的方式进行的。换言之，就是作为化学信号的植物激素，首先与位于细胞膜或细胞内的植物激素受体（一种能与植物激素特异性结合的蛋白质）结合，将植物激素信号放大并进一步传递给下游的信号传递组分，在经过多次的传递之后导致相关基因的表达变化并最终引起植物的生理响应。已有研究表明，植物激素的合成、运输和信号转导途径在植物生长发育控制过程中通常以反馈调节方式实现其复杂的调节作用。另外，各种植物激素之间还可发生相互作用，并且这些相互作用与外界环境信号及自身发育程序一道共同构成一个非常精细和复杂的调控网络，从而实现植物激素对植物各个生理过程的精确调控。

（二）植物生长调节剂

由于植物体内的植物激素含量低，难以提取和大量应用，人们就用化学方法合成并筛选出许多具有植物激素生理活性的有机化合物，这些人工合成的具有植物激素活性的物质被称为植物生长调节剂（plant growth regulators）。如今，植物生长调节剂已泛指根据植物激素的结构、功能和作用原理，经人工提取或化学合成的调节植物生长发育的化学物质。

植物生长调节剂种类繁多，功能各异。植物生长调节剂在化学结构上与植物激素可能相似，因而可与植物激素受体结合而产生类似的生理作用。例如具有生长素活性的众多生长素类植物生长调节剂，有吲哚类（如吲哚丙酸、吲哚丁酸等）、萘酸类（如萘乙酸等）和苯氧羧酸类（如二氯苯氧乙酸、三氯苯氧乙酸、对氯苯氧乙酸、对碘苯氧乙酸等）。另外，细胞分裂素类植物生长调节剂，常见的苄氨基嘌呤、激动素、四氢化吡喃基苄氨基嘌呤等在侧链 R^1 上均具有腺嘌呤环结构。不过，氯吡脲、噻苯隆等虽没有细胞分裂素的基本结构（腺嘌呤环），但也具有细胞分裂素的活性。

有些植物生长调节剂则是通过影响植物激素的合成或代谢、引起植物体内植物激素的水平变化发挥其生理作用，如矮壮素、甲哌鎓、多效唑、烯效唑等，均为抑制赤霉素合成的物质；也可通过影响植物激素的运输起作用，如三碘苯甲酸、整形素等就是阻碍生长素运输的物质；也可通过影响植物激素的细胞信号转导来发挥作用，如1-甲基环丙烯是一种非常有效的乙烯作用抑制剂，它可与乙烯受体结合，有效地阻碍乙烯与其受体的正常结合，致使乙烯信号传导受阻。另外，值得指出的是，植物激素本身也可通过化学合成或微生物提取等途径获得，如吲哚乙酸、赤霉酸和脱落酸等，这些人工合成的植物激素有时也被称为植物生长调节剂。

二、 观赏植物常用植物生长调节剂的种类及其生理特性

（一）吲哚乙酸

吲哚乙酸（indole-3-acetic acid，IAA）又叫生长素，是最早发现的一种植物内源激素。吲哚乙酸属吲哚类化合物，已经能人工合成。吲哚乙酸纯品是无色结晶，见光后变成玫瑰色，活性降低，应放在棕色瓶中贮藏或在瓶外用黑纸遮光。吲哚乙酸微溶于水、苯和氯仿，易溶于热水、乙醇、乙酸乙酯，乙醚和丙酮。在酸性介质中极不稳定，而在碱性溶液中比较稳定。吲哚乙酸的钾盐、钠盐在水中易溶解且较稳定。吲哚乙酸水溶液如果暴露在光下，易被分解失活，实际应用中要注意这个问题。

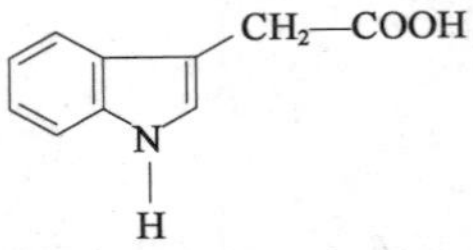

CH_2—COOH
N
H

吲哚乙酸

外施的吲哚乙酸可经由茎、叶和根系吸收，其在观赏植物中的生理作用和应用主要有：①促进细胞分裂和维管束分化；②促进叶片扩大和茎伸长；③促进伤口愈合和不定根形成；④抑制器官脱落和叶片衰老。目前，吲哚乙酸在观赏植物生产中主要用于组织培养中诱导愈伤组织和根的形成、促进扦插生根等。

（二）吲哚丁酸

吲哚丁酸（4-indolyl-3-butyric acid，IBA）是一种含吲哚环的生长素类化合物。吲哚丁酸纯品为白色或浅黄色结晶，可溶于乙醇、丙酮、乙醚中，不溶于水和氯仿，所以使用时一般是先溶于少量乙醇，然后加水稀释到需要浓度。吲哚丁酸见光会慢慢分解，产品须用黑色包装物包装，并存放在阴凉干燥处。

CH_2—CH_2—CH_2—COOH
N
H

吲哚丁酸

吲哚丁酸可经由植株的根、茎、叶、果等吸收，但移动性小，不易被吲哚乙酸氧化酶分解，生物活性持续时间较长。吲哚丁酸在观赏植物中的生理作用和应用与吲哚乙酸相似，可刺激细胞分裂和组织分化，诱发产生不定根等。吲哚丁酸目前主要用于促进插穗生根、提高插穗成活率和促进植株生长。另外，在观赏植物种苗的离体快繁中，吲哚丁酸有很强的诱导生根的作用，是培养基中吲哚乙酸的替代品。吲哚丁酸对插穗生根的促进作用强烈，但诱导产生的不定根往往长而细，最好与萘乙酸混合使用。

（三）萘乙酸

萘乙酸（naphthyacetic acid，NAA）是一种含萘酸结构的生长素类化合物。萘乙酸纯品为白色结晶，不溶于冷水，微溶于热水，易溶于乙醇、丙酮、氯仿、乙醚、苯和乙酸等。萘乙酸钠盐则可溶于水。萘乙酸性质较为稳定，活性也较强。另外，萘乙酸不像吲哚乙酸那么易被氧化而失去活性，且价格便宜，因此萘乙酸应用较为广泛。

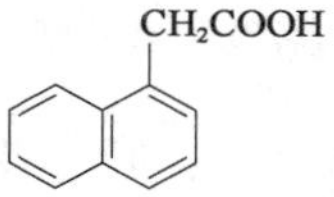

CH_2COOH

萘乙酸

萘乙酸在观赏植物中的生理作用和应用与吲哚乙酸、吲哚丁酸有些相似，主要有：①促进插穗生根；②在植物组织培养中常用于诱导生根；③诱导和促进开花，防止落花落果。

（四）二氯苯氧乙酸

二氯苯氧乙酸（2,4-dichlorophenoxy acetic acid）简称2,4-D或2,4-滴，是一种含苯氧羧酸结构的生长素类化合物。纯品为白色结晶，工业产品为白色或浅棕色结晶，微溶于水，能溶于乙醇和丙酮等，在常温下较为稳定。二氯苯氧乙酸本身是一种酸，对金属有一定的腐蚀作用。与各种碱类作用生成相应的盐类，成盐后易溶于水。

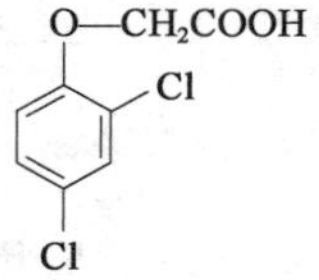

$O—CH_2COOH$

Cl

Cl

二氯苯氧乙酸

二氯苯氧乙酸可经由植物的根、茎、叶片等吸收，然后传导到生长活跃的组织内起作用。二氯苯氧乙酸的生理活性高，低浓度时具有促进观赏植物生根、保绿、刺激细胞分化、提高坐果率等多种生理作用。例如，在观赏植物组织培养中，0.5～1.0mg/L二氯苯氧乙酸可有效诱导愈伤组织形成和诱导生根。另外，1～25mg/L二氯苯氧乙酸可防止部分观赏植物落花落果。不过，高浓度（1000mg/L）二氯苯氧乙酸则作为除草剂，用于防除禾本科草坪中的多种阔叶杂草。

（五）对氯苯氧乙酸

对氯苯氧乙酸（*p*-chlorophenoxy acetic acid，PCPA）又称4-氯苯氧乙酸（4-chlorophenoxy acetic acid，4-CPA），俗称防落素、促生灵等。对氯苯氧乙酸纯品为白色结晶，略带刺激性臭味，易溶于乙醇、丙酮等，也能在热水中溶解。使用前先用少量乙醇或氢氧化钠溶液滴定溶解，然后加水稀释到所需浓度。

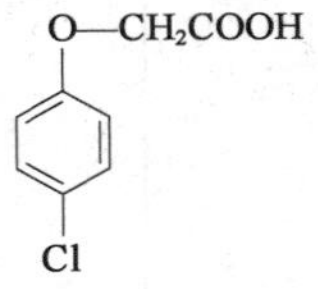

O—CH_2COOH

Cl

对氯苯氧乙酸

对氯苯氧乙酸可经由植株的根、茎、叶、花、果等吸收，其作为一种生长素类似物，在观赏植物中的生理作用和应用主要有：①能刺激细胞分裂和组织分化，促进植物生长；②诱导单性结实和加速果实发育；③防止落花、促进坐果。

（六）三碘苯甲酸

三碘苯甲酸（triiodobenzoic acid，TIBA）是一种苯甲酸类化合物，可阻碍植物体内生长素自上而下的极性运输，又被称为抗生长素。三碘苯甲酸纯品为白色粉末，或接近紫色的非晶形粉末。原药为黄色或浅褐色溶液或含98%三碘苯甲酸的粉剂。三碘苯甲酸难溶于水，溶于乙醇、丙酮、乙醚等。使用时先将1g药剂溶于100mL乙醇中，为加速溶解，可进行振荡，待溶液变成金黄色时已全部溶解，然后再配制成所需的使用浓度。

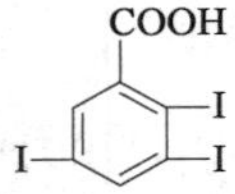

COOH

I

I—

—I

三碘苯甲酸

三碘苯甲酸可经由叶、嫩枝等吸收，然后进入到植物体内阻抑生长素在植物体内的极性运输。三碘苯甲酸在观赏植物中的生理作用和应用主要有：①抑制茎部顶端生长和促进腋芽萌发，使植株矮化、分枝多、株型好；②诱导花芽形成和促进开花；③增加叶片数和加深叶色；④减少落果。

（七）整形素

整形素（morphactin）的化学名称是2-氯-9-羟基芴-9-甲酸甲酯，又称形态素、氯甲丹等。整形素纯品为无色结晶，微溶于水（20℃时的溶解度为18mg/L），易溶于乙醇、异丙醇等。整形素怕光不耐热，存放时要注意避光、防热，并保持干燥。

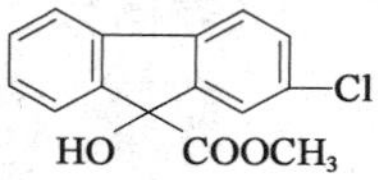

HO COOCH$_3$ Cl

整形素

整形素可通过种子、根、叶吸收，进入植物体内后，其分布和作用部位主要在芽和分裂着的形成层等活跃中心。整形素是一种生长素传导抑制剂，可阻碍生长素从顶芽向下转运，并提高吲哚乙酸氧化酶活性。整形素在观赏植物中的生理作用和应用主要有：①抑制顶端分生组织和茎的伸长生长，促进侧芽发生和生长，减弱顶端优势，使观赏植物植株矮化、株型紧凑；②用低浓度形态素对正在分化的花芽处理，可增加花芽数；③使植物的叶面积减少，减少单位面积上的气孔数，进而提高植株的抗旱能力。

（八）赤霉酸

赤霉素类（gibberellins，GA）是一类具有赤霉烷骨架、能刺激植物细胞分裂和伸长的化合物的总称，目前已经超过200种。其中，用赤霉菌人工生产得到的赤霉素多是赤霉酸（gibberellin acid，GA_3），也叫九二零、920。赤霉酸纯品为白色结晶，易溶于醇类、丙酮、乙酸乙酯、乙酸丁酯等，难溶于水，不溶于石油醚、苯和氯仿等。使用原粉时，先用少量乙醇溶解，然后加水稀释至需要浓度。碱性条件下易分解失效，应用时不能与碱性农药如石硫合剂等混合使用。长期放置在室温或高温条件下，也易丧失活性。

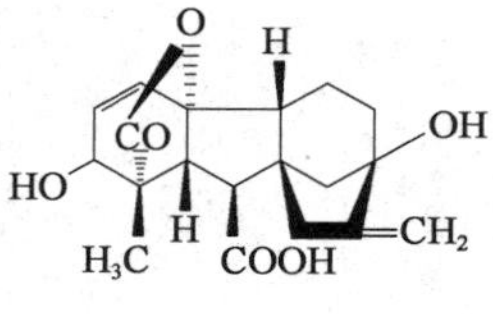

O H CO OH HO H$_3$C H COOH CH$_2$

赤霉酸

赤霉酸主要经由叶、嫩枝、花、种子或果实等吸收，然后移动到起作用的部位。赤霉酸作为一种广谱性的植物生长调节剂，在观赏植物中的生理作用和应用主要有：①促进种子和其他休眠器官的萌发；②促进细胞分裂和叶片扩大；③促进茎伸长生长；④促进抽薹开花；⑤促进果实生长和防止落花落果；⑥抑制侧芽的休眠和块茎的形成。

（九）矮壮素

矮壮素（chlormequat，CCC）的化学名称为2-氯乙基三甲基氯化铵，是一种抑制植物体内赤霉素生物合成的季铵盐类化合物，又称为三西、氯化氯代胆碱（chlorocholine）等。矮壮素纯品为白色结晶，有鱼腥味。易溶于水，不溶于苯、二甲苯、乙醇和乙醚，微溶于二氯乙烷和异丙醇。在中性或酸性介质中稳定，遇碱则分解失效。矮壮素不易被土壤所固定或被土壤微生物分解，一般作土壤施用效果较好。

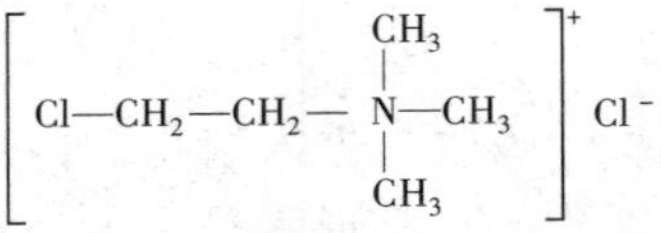

$$\left[Cl-CH_2-CH_2-N(CH_3)_3 \right]^+ Cl^-$$

矮壮素

矮壮素可经由叶片、幼枝、芽、根系和种子进入到植株的体内，其作用方式是抑制赤霉素前体贝壳杉烯的形成，致使体内赤霉素的生物合成受到阻抑。矮壮素在观赏植物中的生理作用和应用主要有：①控制植株徒长，使节间缩短，植株长得矮壮；②叶色加深，叶片增厚，叶绿素含量增多，光合作用增强；③促进根系生长；④促进生殖生长，提高坐果率；⑤增强抗逆性，如抗倒伏、抗旱、抗寒等。

（十）甲哌鎓

甲哌鎓（mepiquat chloride）的化学名称为1,1-二甲基哌啶氯化物，是一种抑制植物体内赤霉素生物合成的哌啶类化合物，又称为甲哌啶、缩节胺、皮克斯（Pix）、助壮素等。甲哌鎓纯品为无味白色结晶，易溶于水，微溶于乙醇，难溶于丙酮、乙酸乙酯。药剂性质稳定，不易燃易爆，可贮存2年以上。在土壤中易分解，半衰期约2周。

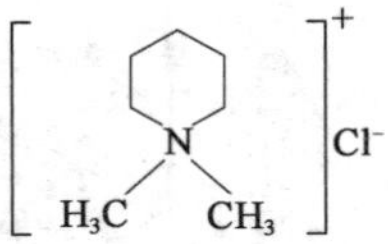

$$\left[C_5H_{10}N(CH_3)_2 \right]^+ Cl^-$$

甲哌鎓

甲哌鎓可经由根、嫩枝、叶片吸收，然后很快传导到起作用部位。甲哌鎓作为赤霉素生物合成的抑制剂，在观赏植物中的生理作用和应用主要有：①抑制细胞伸长，缩短节间长度，使植株矮化、株型紧凑；②苗期叶面喷洒，可壮苗和提高抗寒能力；③促进开花和坐果。

（十一）多效唑

多效唑（paclobutrazol，PP_{333}）的化学名称为(2*RS*,3*RS*)-1-(4-氯苯基)-4,4-二甲基-2-(1,2,4-三唑-1-基)-3-戊醇，是一种抑制植物体内赤霉素生物合成的三唑类化合物，也称氯丁唑。多效唑原药为白色固体，难溶于水，易溶于甲醇、丙酮、二氯乙烷等。纯品在20℃下存放2年以上稳定，稀溶液在pH 4～9范围内稳定，对光也稳定。

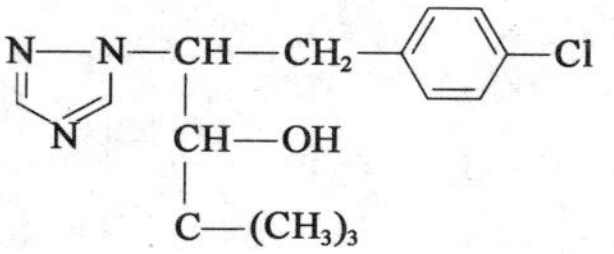

多效唑

多效唑可经由植物的根、茎、叶等吸收，然后经木质部传导到幼嫩的分生组织部位，抑制赤霉素的生物合成。多效唑在观赏植物中的生理作用和应用主要有：①株型控制，防止移栽后的倒苗和败苗；②在组培快繁中利用多效唑培养健壮的组培苗；③促进开花，在矮化部分观赏植物的同时还使之早开花、花朵大；④控制草坪生长，减少修剪次数。

（十二）烯效唑

烯效唑（uniconazole）的化学名称为(*E*)-(*RS*)-1-(4-氯苯基)-4,4-二甲基-2-(1*H*-1,2,4-三唑-1-基)戊-1-烯-3-醇，是一种抑制植物体内赤霉素生物合成的三唑类化合物，其他名称有S-3307、优康唑、高效唑等。烯效唑纯品为白色结晶，微溶于水，可溶于乙醇、丙酮、氯仿、乙酸乙酯等。烯效唑分子在40℃下稳定，在多种溶剂中及酸性、中性、碱水液中不易分解。

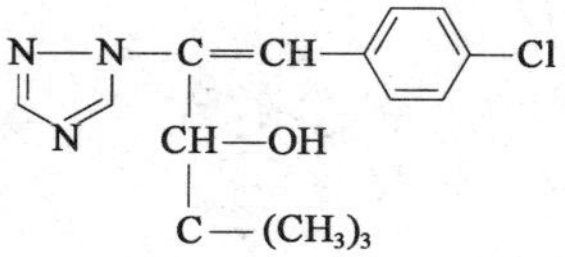

烯效唑

烯效唑经由植株的根、茎、叶、种子吸收，然后经木质部传导到各部位的分生组织中，抑制植物体内贝壳杉烯氧化酶活性，降低内源赤霉素水平。烯效唑的生物活性比多效唑高6～10倍，但其在土壤中的残留量仅为多效唑的1/10左右。烯效唑在观赏植物中的生理作用和应用主要有：①抑制细胞伸长，缩短节间，促进侧芽生长，抑制株高和控制株型；②控制营养生长，促进花芽分化和果实生长；③增加叶表皮蜡质，促进气孔关闭，提高抗逆能力。

（十三）丁酰肼

丁酰肼（daminozide）的化学名称为*N*-二甲氨基琥珀酰胺酸，是一种琥珀酸类化合物，其他名称有比久（B_9）、阿拉（Alar）等。丁酰肼纯品为白色结晶，工业品为深黄色粉末，微臭，不易挥发，溶于水、丙酮和甲醇（在25℃时，蒸馏水中溶解度为100g/L，丙酮中溶解度为25g/L，甲醇中溶解度为50g/L）。丁酰肼不宜与湿展剂、碱性物质、油类和含铜化合物混用。

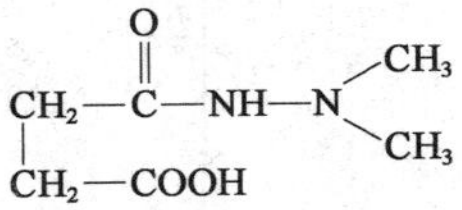

$$\begin{array}{l} \qquad\quad O \\ \qquad\quad \| \\ CH_2-C-NH-N(CH_3)_2 \\ | \\ CH_2-COOH \end{array}$$

丁酰肼

丁酰肼一般经由茎、叶等部位进入植物体内，其作用方式是既可抑制内源赤霉素的生物合成，也可抑制内源生长素的运输。丁酰肼易被土壤固定，在土壤中的残效期达1~2年，一般不作土壤施用。丁酰肼在观赏植物中的生理作用和应用主要有：①抑制新枝徒长，缩短节间长度，控制株型；②增加叶片厚度及叶绿素含量，增强叶片的光合作用；③生长初期喷洒叶面既使株型紧凑又可促进开花，使花多、花大，提高观赏性；④诱导不定根形成，促进插枝生根。

（十四）抑芽丹

抑芽丹［6-hydroxy-3(2*H*)-pyridazinone］的化学名称为6-羟基-3-(2*H*)-哒嗪酮，是一种丁烯二酰肼类化合物，又名马拉酰肼（maleic hydrazide，MH）、青鲜素等。抑芽丹原药为白色固体，在25℃时水中的溶解度为4.5g/L、甲醇为4.2g/L，其钾盐溶于水。见光分解，不易水解，遇氧化剂和强酸分解，25℃时保存1年不分解。

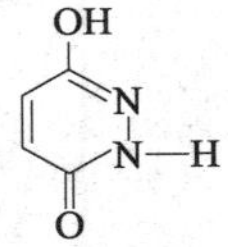

OH
N
N—H
O

抑芽丹

抑芽丹主要经由植物的根部或叶面吸入，由木质部和韧皮部传导至植株体内，通过阻止细胞分裂抑制植物生长，抑制程度依剂量和作物生长阶段而不同。抑芽丹在观赏植物中的生理作用和应用主要有：①抑制分生组织的细胞分裂；②抑制侧芽的生长和茎伸长；③抑制球根花卉鳞茎和块茎在贮藏期的发芽或延长芽的萌发期。

（十五）苄氨基嘌呤

苄氨基嘌呤（benzyladenine）的化学名称为*N*-6-苯甲基腺嘌呤，为一种人工合成、含腺嘌呤环结构的细胞分裂素类似物，又名6-苄基腺嘌呤（6-benzyladenine，6-BA）、6-苄氨基嘌呤（6-benzylaminopurine）。苄氨基嘌呤纯品为白色针状结晶，难溶于水，可溶于碱性或酸性溶液。在酸、碱和中性介质中较稳定，对光、热（120℃，8h）稳定。使用前先加入少量0.1mol/L盐酸溶液，使之溶解，然后加水稀释至需要浓度。

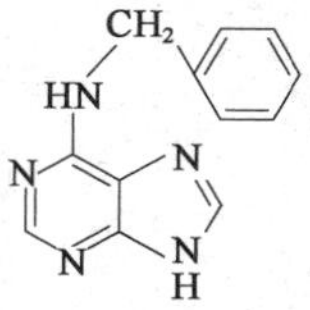

CH_2
HN
N
N
N
N
H

苄氨基嘌呤

苄氨基嘌呤可经由发芽的种子、根、嫩枝、叶片吸收，进入体内移动性小，在使用时宜将药液直接施用到作用部位。苄氨基嘌呤是广谱、多用途的植物生长调节剂，在观赏植物中的生理作用和应用主要有：①打破顶端优势，促进侧芽生长和增加分枝，整饰株型；②在组织培养中诱导芽的分化；③抑制叶绿素的分解，延缓叶片衰老和采后保鲜；④促进种子萌发和诱导休眠芽生长；⑤促进花芽形成和开花，促进坐果。

（十六）激动素

激动素（kinetin，KT）的化学名称为6-糠基氨基嘌呤或*N*-6-呋喃甲基腺嘌呤（6-furfurylaminopurine），又名动力精、6-糠氨基嘌呤、6-糠基腺嘌呤等，是一种最早发现的含腺嘌呤环结构的细胞分裂素类似物。激动素纯品为白色片状结晶，难溶于水，微溶于乙醇、丁醇、丙酮、乙醚，可溶于稀酸或稀碱及冰醋酸。配制时，先溶于少量乙醇或酸中，完全溶解后才用水稀释至需要浓度。

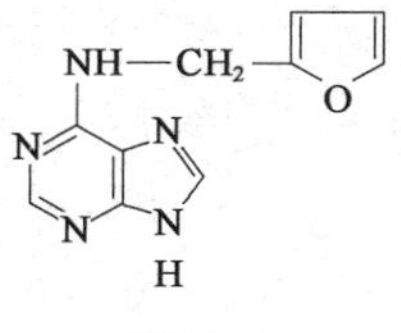

NH—CH_2
O
N
N
N
N
H

激动素

激动素可经由叶、茎、子叶和发芽的种子吸收，移动缓慢。激动素在观赏植物中的生理作用和应用类似于苄氨基嘌呤，主要有：①促进细胞分化、分裂、生长；②诱导愈伤组织长芽；③解除顶端优势；④促进种子发芽，打破侧芽的休眠；⑤延缓蛋白质和叶绿素的降解，延缓叶片衰老及植株的早衰。

（十七）氯吡脲

氯吡脲（forchlorfenuron）化学名称为 *N*-(2-氯-4-吡啶基)-*N'*-苯基脲，又名吡效隆、调吡脲、CPPU、4-PU-30 等，是一种取代脲类具有细胞分裂素作用的植物生长调节剂。氯吡脲纯品为白色结晶粉末，难溶于水，易溶于甲醇、乙醇和丙酮。在热、紫外光、酸、碱条件下分子稳定，耐贮存。

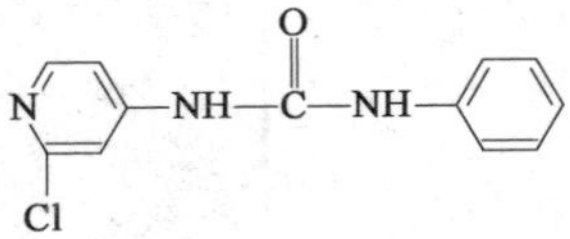

N NH—C(=O)—NH Cl

氯吡脲

氯吡脲可经由根、茎、叶、花、果吸收，然后运输到起作用的部位。氯吡脲的细胞分裂素活性很高，大约是苄氨基嘌呤的 10 倍，其在观赏植物中的生理作用和应用主要有：①促进细胞分裂和器官分化；②组织培养中诱导愈伤组织芽分化；③打破顶端优势；④防止叶绿素降解，延缓衰老；⑤诱导单性结实、促进坐果和果实膨大等。

（十八）噻苯隆

噻苯隆（thidiazuron，TDZ）的化学名称为 1-苯基-3-(1,2,3-噻二唑-5-基)脲，是一种取代脲类化合物，又名赛苯隆、脱叶脲等。噻苯隆原药为无色无味晶体，难溶于水，易溶于二甲基甲酰胺、二甲基亚砜等。在 pH 5 ~ 9 范围内分子稳定，在室温条件下贮存稳定。

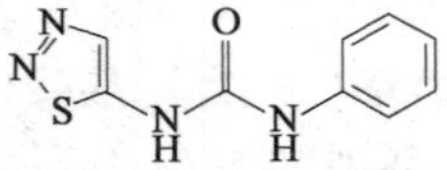

N N S O N H N H

噻苯隆

噻苯隆可经由茎、叶吸收，在低浓度下具有很强的细胞分裂素作用，在观赏植物中的生理作用和应用主要有：①组织培养中促进愈伤组织生长和诱导芽分化；②打破芽的休眠和促进种子萌发；③保持叶片绿色和延缓衰老；④促进坐果和果实膨大。

（十九）乙烯利

乙烯利（ethephon）的化学名称为 2-氯乙基膦酸，其他名称有一试灵、乙烯磷等。乙烯利纯品为长针状无色结晶，易溶于水、乙醇、乙醚，微溶于苯和二氯乙烷，不溶于石油醚。工业品为棕黄色黏稠酸性液体。在常温和 pH 3 以下比较稳定，在 pH 4 以上会分解释放出乙烯。

$$Cl-CH_2-CH_2-\overset{\overset{O}{\|}}{P}(OH)_2$$

乙烯利

乙烯利经由植物的叶片、树皮、果实或种子进入植物体内，由于细胞液的 pH 值在 4 以上，所以乙烯会释放出来，并发挥其生理效应。乙烯利在观赏植物中的生理作用和应用主要有：①促进某些植物开花，并提高雌花或雌性器官的比例，但对部分植物的开花有抑制效应；②诱导不定根形成；③打破休眠和促进某些植物种子萌发。

（二十）1-甲基环丙烯

1-甲基环丙烯（1-methylcyclopropene，1-MCP）是一种新型的气态乙烯拮抗剂，可作用于乙烯受体而有效拮抗乙烯对植物成熟衰老的促进作用。1-甲基环丙烯纯品为无色气体，溶解度（20 ~ 25℃）：水 137mg/L，庚烷 > 2450mg/L，二甲苯 2250mg/L，丙酮 2400mg/L，甲醇 > 11000mg/L。常温下，1-甲基环丙烯为一种非常活跃的、易反应、十分不稳定的气体，当超过一定浓度或压力时会发生爆炸，因此不能以纯品或高浓度原药的形式进行分离和处理，其本身无法单独作为一种产品（纯品或原药）存在，也很难贮存。目前使用的多为 3.3% 可溶性粉剂、3.3% 微胶囊剂等制剂。

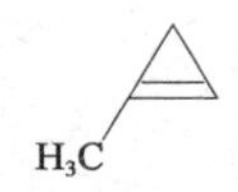

1-甲基环丙烯

1-甲基环丙烯（1-MCP）是一种非常有效的乙烯产生和乙烯作用的抑制剂。在植物内源乙烯产生或外源乙烯作用之前，施用 1-甲基环丙烯可抢先与乙烯受体结合，从而阻止乙烯与其受体的结合，进而拮抗乙烯的作用。1-甲基环丙烯在观赏植物中的生理作用和应用主要有：在极低浓度（1 ~ 10nL/L）的 1-甲基环丙烯预处理（空间密封熏蒸）数小时就可以有效延缓切花、盆花等观赏植物（特别是乙烯敏感型）的衰老，延长采后寿命和观赏期；同时，提高花朵开放质量，并可抑制叶片黄花以及落花、落叶现象。

（二十一）*S*-诱抗素

S-诱抗素（abscisic acid，ABA），原名天然脱落酸，化学名称为[*S*-(*Z*,*E*)-5-(1′-羟基-2′,6′,6′-三甲基-4′-氧代-2′-环己烯-1′-基)-3-甲基-2-顺-4-反-戊二烯酸。诱抗素有多种异构体，天然发酵诱抗素为(+)-2-顺,4-反诱抗素，其生物活性最高。*S*-诱抗素原药为白色或微黄色结晶体，微溶于水（1 ~ 3g/L，20℃），溶于碳酸氢钠

溶液、乙醇、甲醇、氯仿、丙酮、三氯甲烷等。*S*-诱抗素稳定性较好，常温下可放置 2 年有效成分含量基本不变，但为强光分解化合物，应注意避光贮存。

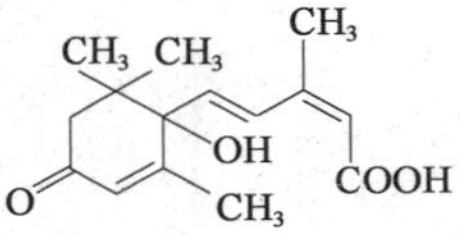

S-诱抗素

S-诱抗素是植物的“抗逆诱导因子”，可诱导植物机体产生各种相应的抵抗能力，如抗旱性、抗寒性、抗病性、耐盐性等。外源施用的低浓度 *S*-诱抗素可经由种子、茎、叶和根系吸收，其在观赏植物中的生理作用和应用主要有：①浸种或拌种处理可提高发芽率，促进幼苗根系发达，增强抗寒、抗旱、抗病能力；②移栽期施用可增强越冬期的抗寒能力，且使根茎粗壮、抗倒伏；③使气孔关闭，减少水分蒸发，增强植物抗旱性。

（二十二）芸薹素内酯

芸薹素内酯（brassinolide，BR）的化学名称为$(2\alpha,3\alpha,22R,23R)$-四羟基-24-*S*-甲基-$\beta$-高-7-氧杂-5$\alpha$-胆甾烷-6-酮，是甾醇类植物内源生长物质芸薹素类中的一种，又名油菜素内酯等。人工合成的芸薹素内酯外观为白色结晶粉末，难溶于水，溶于甲醇、乙醇、四氢呋喃、丙酮等。

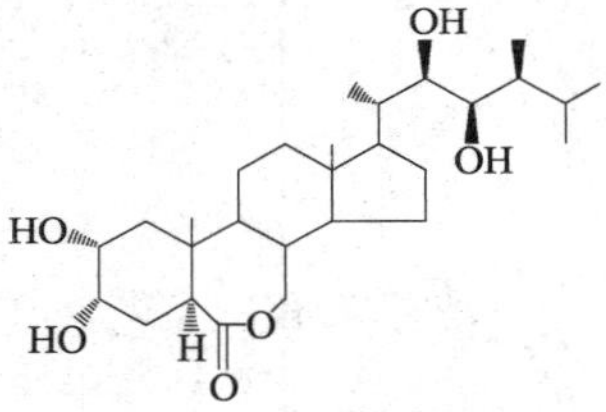

芸薹素内酯

芸薹素内酯可经由植物的叶、茎、根吸收，然后传导到起作用的部位，其在观赏植物中的生理作用和应用主要有：①促进细胞伸长和分裂，促进营养生长；②提高叶绿素含量，促进光合作用；③提高坐果率和结实率；④提高观赏植物的抗逆性和品质。

（二十三）水杨酸

水杨酸（salicylic acid，SA）的化学名称为 2-羟基苯甲酸，是一种植物体内含有的天然苯酚类化合物。人工合成的水杨酸纯品为白色针状结晶或结晶状粉末，有辛辣味，微溶于冷水，易溶于热水、乙醇、丙酮。易燃，见光变暗，须密封暗包装，产品存放阴凉、干燥处。

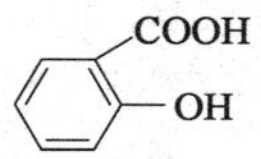

水杨酸

水杨酸现已被认为是一种主要与植物抗逆性相关的内源植物生长物质。外源施用的水杨酸可经由叶、茎、花吸收，并较快传导到起作用的部位，其在观赏植物中的生理作用和应用主要有：①促进扦插生根；②提高观赏植物的抗寒、抗旱能力等；③切花保鲜。

（二十四）胺鲜酯

胺鲜酯（diethyl aminoethyl hexanoate，DA-6）的化学名称为已酸二乙氨基乙醇酯，是一种新型、广谱的植物生长调节剂，又名增效胺。原药纯品为白色片状晶体，粉碎后为白色粉状物，易溶于水，可溶于乙醇、甲醇、丙酮、氯仿等有机溶剂；常温下贮存非常稳定，在中性和酸性条件下稳定，碱性条件下易分解。

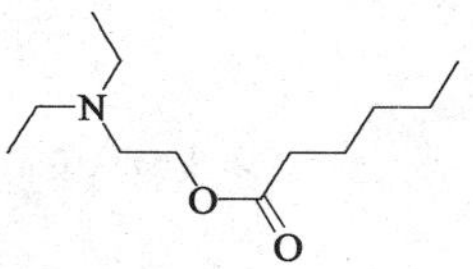

胺鲜酯

胺鲜酯可经由叶、茎、根和种子吸收并发挥其对植物生长的调节和促进作用，其在观赏植物中的生理作用和应用主要有：①促进细胞分裂和伸长，加速生长点的生长、分化；②使苗木健壮、株高及冠幅增加、叶色浓绿；③提高观赏植物的抗寒、抗旱和抗病能力。

第三节 植物生长调节剂在观赏植物中的使用方法

一、植物生长调节剂的剂型

农药的剂型是指在一种（或一种以上）的原药中，添加不同的助剂（如载体、稀释剂、溶剂、表面活性剂、稳定剂、增效剂等），经加工而成的不同的分散体形式。植物生长调节剂作为农药中一个比较新的类型，目前在加工剂型方面要比杀虫剂、杀菌剂少，主要有原药、水剂、粉剂、油剂和熏蒸剂等剂型。

（一）原药

目前在我国生产的植物生长调节剂中，有相当一部分是以原药的形式销售和使用的。由于大多数植物生长调节剂原药是难溶或微溶于水的，因此，在使用过程中，药液的配制需要针对各种不同的植物生长调节剂，选择相应的溶剂。如吲哚乙酸、萘乙酸和二氯苯氧乙酸等，由于具有弱酸的特性，可以加入少量的碱（如氢氧化钠或氢氧化钾），使其中和成为钠盐或钾盐，就可以完全在水中溶解，然后稀释到所需的浓度。赤霉酸、苄氨基嘌呤等则先用少量乙醇溶解，然后兑水稀释到所需浓度。此外，由于生长调节剂使用浓度较低，用原药配制时容易出现浓度不准的情况，最好先配制成浓度较高的母液，再进行稀释后使用。由于原药中缺乏农药制剂中相应的助剂，如果发现叶面喷施效果不好，可加入洗衣粉、洗洁精等表面活性剂以改善其在叶面的附着情况。总之，在使用原药时，一定要充分了解该药剂的理化性质，保证药剂施用的安全性和有效性。

（二）水剂

少数植物生长调节剂原药本身易溶于水的可直接加工成水剂，如40%乙烯利水剂、50%矮壮素水剂、25%甲哌鎓水剂等，而多数难溶或微溶于水的植物生长调节剂原药则可加工成易溶于水的盐类，如萘乙酸钠（钾）盐水剂、乙烯利水剂、赤霉酸水剂等。水剂的使用非常方便，可以直接兑水稀释，由于形成的是真溶液，所以药液均匀，通常不会产生沉淀。在用水剂进行叶面喷洒时，尤其是在处理对象的叶片具有较厚的角质层时，由于雾滴往往难于在叶片的表面黏着和展布，需要加入一定量的表面活性剂（如肥皂水、洗衣粉、洗洁精等，但要保持药液的酸碱度不要有太大的变化），这样会有利于药效的发挥。

（三）粉剂

在目前使用的植物生长调节剂中，粉剂的种类比较多，包括可溶性粉剂（如芸薹素内酯可溶性粉剂、二氯苯氧乙酸钠盐粉剂）、可湿性粉剂（多效唑可湿性粉剂、烯效唑可湿性粉剂）等。可溶性粉剂和可湿性粉剂都可以直接兑水配制药液。可溶性粉剂常常是植物生长调节剂的盐类，溶于水后的使用方法与水剂相同。另外，还有一些可溶性片剂（赤霉酸可溶性片剂）、可溶性颗粒剂等，其使用与可溶性粉剂基本相同。可湿性粉剂配成药液后，形成悬浊液，均匀性较水剂差，长时间放置会出现沉淀。在进行喷雾时，要经常摇动，以免沉淀后造成喷雾不均匀或堵塞喷雾器。

（四）油剂

油剂主要为乳油剂（如芸薹素内酯0.01%乳油），其组成包括了原药、有机溶剂、乳化剂。该剂型可以直接加水配制药液，加水后形成乳浊液，均匀性和稳定性都比较好。使用乳油剂进行叶面喷雾时，一般不需要再另外加入表面活性剂就能取得良好的黏着与展布效果。但是乳油剂一般在贮藏和运输时不是很方便，并且由于有机溶剂的存在，一方面成为易燃品，使用和贮存时要多加注意；另一方面，有机溶剂对环境的污染相对比较严重。

（五）熏蒸剂

为满足生产中一些熏蒸的要求，可将植物生长调节剂制成一种易挥发的形式，如萘乙酸甲酯、萘乙酸丁酯、1-甲基环丙烯等，它们能够在常温状态下挥发，进入植物体内后发挥作用。萘乙酸甲酯、萘乙酸丁酯等主要用于抑制贮藏的块茎类、块根类植物的萌发，1-甲基环丙烯则作为一种新型的乙烯受体抑制剂主要用于鲜切花贮运保鲜和延长盆栽花卉货架期和观赏期。乙烯利溶液在加入碱（氢氧化钠或氢氧化钾等）时，乙烯会大量释放出来，在需要的时候也可以采用熏蒸的方法处理植物材料。

二、 植物生长调节剂在观赏植物上的使用方法

选择适宜的生长调节剂及剂量、在适合的时期施用、采用恰当的施用方法，是保证植物生长调节剂使用效果的主要因素。植物生长调节剂的施用方法较多，而每一种施用方法，又各有一些关键的步骤和注意事项，有时还需要针对观赏植物的类别和特性进行相应的调整和改变，做到灵活运用，才能保证使用的效果。

（一）喷雾法

喷雾法是利用喷雾器械将药剂喷洒成雾滴分散悬浮在空气中，再降落到处理对象上的一种施药方法，是植物生长调节剂在观赏植物上应用的最常用方法。根据应用目的和处理对象，可以对叶、果实等或全株进行喷雾。喷雾法的优点在于方便、快捷和均匀，因而多在以下两种情况下使用喷雾法：一是要求快捷处理，在最短时间内处理大量花卉苗木；二是处理较高大的绿化大苗，用其他方法不方便。例如，在移栽云杉、落叶松、樟子松、红松及某些阔叶树时，可以在用药前将根周围的杂物除尽，露出根系或根的界面，喷上生根剂后，稍晾干后即可移栽。

植物生长调节剂进行叶面喷雾处理时要注意叶面积大小、喷雾浓度、喷洒方向、药液量等有关因素。首先要确定叶面指数，即叶面积与植物生长面积之比。通过取适当叶样放在方格纸上，大致算出叶面积大小和叶面指数。一般叶面指数在3以下的，可以按常用药量喷洒；如叶面指数为4~6时，则药液量要增加1倍；

叶面指数为6～10的要增加2.5倍。喷洒方向可以是叶的正面，也可以是叶的背面。一般认为喷洒在叶的背面效果更好，因为叶的背面角质层薄，药液进去得多。另外，利用喷雾法进行处理时，喷洒药液的湿润性也很重要，如果药液缺乏湿润能力，喷到叶片表面后往往容易滚落。

喷雾时间和喷施次数对植物生长调节剂的效果也有影响。喷雾时间应尽量避开烈日、降雨前、高温、大风等天气，傍晚或晨露刚干时施药会有较好的效果。如果施药后短期内下雨，则往往需要补喷。外施的植物生长调节剂进入植物体后，影响植物组织细胞的代谢和生长需要一定的时间，一般为10～15天，为了巩固生长调节剂的药效宜多次喷施，通常喷施2～3次甚至更多。

（二）溶液点滴

溶液点滴法多用于处理观赏植物茎顶端生长点、花蕾或芽等，以促进开花和控制植株茎、枝生长。用生长素或赤霉酸溶液点滴茎生长点，促进顶端组织的伸长的效果比喷洒法更显著。此法用药少，且用药量易于掌握。在处理时为了防止药液流失，可预先放置一小块脱脂棉，将药液滴在棉花上，可以避免流失，充分吸收。

（三）溶液浸泡

溶液浸泡法常用于促进观赏植物苗木的种子及地下器官（球茎、块茎、鳞茎等）萌发、扦插生根和鲜切花采后保鲜等处理。另外，生产上还常用植物生长调节剂浸泡观赏植物种球的办法来调节株型，提高其观赏价值。在处理插穗或鲜切花时，通常是将插穗或鲜切花基部浸泡在含有植物生长调节剂的溶液中。浸泡法不但处理量大，而且处理效果往往也优于其他方法，这与在浸泡处理过程中植物生长调节剂可较多地进入处理对象有关。不过，使用过程中应注意药液的浓度与处理时间的关系，一般使用浓度低，处理时间就长些；而使用浓度高，处理时间短些。在生产实践中，药液浸泡大致分为慢浸和速浸两种方式。慢浸法采用低浓度药液处理12～24h，速浸法则采用较高浓度药液处理数秒至数分钟。

（四）涂抹法

涂抹法是用毛笔或其他工具把植物生长调节剂的药液或其他制剂（如含有植物生长调节剂的羊毛脂等）直接涂抹在观赏植物的处理部位，大多涂在切口处用于促进插穗或压条生根，或者涂芽促进发芽。另外，用生长调节剂涂抹根桩截面，通过截面的形成层细胞而起作用，可防除或者促进根桩萌条。此法便于控制施药的部位，避免植物体的其他器官接触药液。对于一些对处理部位要求较高的操作，或是容易引起其他器官伤害的药剂，涂抹法是一个较好的选择。不过，此法不太适宜在大田生产中应用。

（五）溶液灌注

此法是在树干基部或其他部位注入药剂，也可以用注射器将药液直接注入植物体内，以加快吸收和传导。例如在观赏凤梨叶筒上灌注乙烯利溶液，以诱导花的形成。另外，在矮化盆栽竹时将 100～1000mg/L 矮壮素、多效唑、整形素、抑芽丹等溶液中的一种注入竹腔，可使处理竹的株高缩至未处理的 1/5 左右。不过，此法大量使用具有一定的难度。

（六）土壤施用

植物生长调节剂可以通过植物根系吸收发挥生理作用，土壤施用方法即是将植物生长调节剂粉剂或溶液施入土壤或与肥料混合施用，通过根系吸收进入观赏植物体内的方法。施入土壤的植物生长调节剂，可以是一定浓度的药液，也可以是按照一定的比例混有植物生长调节剂的肥料、细土等。例如，多效唑和矮壮素等生长延缓剂，采用溶液灌土或者与土混合使用都很有效。在一些盆栽植物中，可以根据植株的大小与花盆的大小确定药液的用量。如 9～12cm 的花盆一般为 100mL，15cm 的花盆需要 200～300mL 等。在盆中施药时，要注意用水量的控制，用水量过大会使药液从盆底漏出，造成药液流失。另外，也有按照一定比例将植物生长调节剂直接拌入盆土中的做法。

（七）气体熏蒸

熏蒸法是利用气态或在常温下容易气化的熏蒸剂在密闭条件下施用的方法，如用气态乙烯拮抗剂 1-甲基环丙烯在密闭条件下熏蒸盆栽月季以延缓衰老和防止落花落叶。熏蒸剂的选择是取得良好效果的前提，但是由于目前可用于熏蒸的植物生长调节剂种类有限，选择余地也小。在进行气体熏蒸时，温度和熏蒸容器的密闭程度，是两个重要的影响因素。气温高，药剂的气化效果好，处理效果也好，气温低则相反；处理容器密闭性越好，处理效果也越好。

综上所述，在观赏植物生产中，植物生长调节剂的应用日益广泛。由于植物生长调节剂的种类和剂型较多，使用技术也较其他常用农药更为复杂，如果对其不甚了解而使用不当，可导致效果不明显甚至造成不必要的损失。观赏植物生产中部分植物生长调节剂的部分剂型和施用方法见表 1-4。

表 1-4　观赏植物生产中部分植物生长调节剂的常用剂型和施用方法

植物生长调节剂名称	常用剂型	施用方法
赤霉酸	85%原药，4%乳油	喷雾法、浸泡法
吲哚丁酸	原药（含量98%以上）	浸泡法、喷雾法
萘乙酸	80%原药，70%钠盐原药，5%水剂	浸泡法、喷雾法
苄氨基嘌呤	原药（98%以上），5%水剂	喷雾法、涂抹法

续表

植物生长调节剂名称	常用剂型	施用方法
乙烯利	40%水剂	喷雾法、药液点滴法
矮壮素	50%水剂，50%乳油	喷雾法、浸泡法、土壤施用
多效唑	25%乳油，15%可湿性粉剂	喷雾法、浸泡法、土壤施用
烯效唑	90%原药，5%可湿性粉剂	喷雾法、浸泡法、土壤施用
甲哌鎓	97%原药，25%水剂	喷雾法
胺鲜酯	98%原药，5%水剂	喷雾法
芸薹素内酯	0.01%乳油，95%原药	喷雾法

三、植物生长调节剂的混合使用

近年来，植物生长调节剂的混合使用在植物生长物质的应用技术中的地位越来越重要了。植物激素对植物生长发育过程的调节，往往是通过植物体内多种内源激素的相互作用而实现的，这就是植物生长调节剂混用的基础。单一的植物生长调节剂虽然会具有其独特的作用，但是也经常会出现效果不理想、引起负面效应等问题，而两种或多种植物生长调节剂混用是目前解决上述问题的一个非常有效的方法。

（一）植物生长调节剂混用的优势

（1）可以克服某些植物生长调节剂单用的一些不足之处，并进一步扩大其应用的范围。

（2）一些植物生长调节剂混用时，因为增效作用而使得实际用量降低，使用成本下降，并降低其在植物体中或土壤中的残留。

（3）两种或两种以上的植物生长调节剂混用时，可能会出现增效、加和或拮抗作用等不同的效果，加以利用可能产生一些很有价值的效果。

（4）内源植物激素对植物生长发育过程的调节，正是通过体内多种内源激素的相互作用而实现的，例如植物的花芽分化，不可能是某一种激素完全控制的。混用使处理更贴近自然过程，也就会有更多成功的机会。

（二）植物生长调节剂混用的规律

（1）有利于促进内源激素起作用的两种或两种以上植物生长调节剂混用，多半会出现增效或加和作用；有利于抑制内源激素起作用的生长调节剂混用，多数情况下也会出现增效或加和作用。

（2）有利于促进与抑制内源激素起作用的两种或两种以上植物生长调节剂混用，常会出现拮抗作用。

（3）对植物生长发育的某一过程起共同生理作用的两种或两种以上植物生长调节剂混合使用时，也可能会出现增效或加和作用。

（4）一种植物生长调节剂有利于另一种调节剂对内源激素起作用，两者混合也会产生增效或加和作用。

（三）植物生长调节剂混用的方法

1. 混合使用

混合使用即把两种或多种植物生长调节剂混合施用，通过增效或加和作用，产生比单独施用时更好的效果。如萘乙酸和吲哚丁酸是用于促进插穗生根的常用植物生长调节剂，在龙船花属插枝生根的试验中发现，单用萘乙酸生根率为26%，单用吲哚丁酸为42%，但是将萘乙酸和吲哚丁酸混合使用时，生根率达到97%～100%，增效作用非常明显。

2. 先后使用

植物不同发育阶段甚至同一器官的不同分化时期，都是受到一种或几种植物激素的调控。但激素作用时间往往有差别，外施植物生长调节剂的作用也可以有先后之分。符合其顺序要求的，作用效果就明显。

四、 植物生长调节剂的应用特点

（1）相同的药剂对不同植物种类、品种的效应不同。例如赤霉酸对一些植物（如花叶万年青）有促进成花作用，而对多数其他植物（如菊花等）则具抑制成花的作用。相同的药剂因浓度不同而产生截然不同的效果。如生长素低浓度时促进生长，而高浓度则抑制生长。低浓度二氯苯氧乙酸可促进无籽果实发育，防止形成离层；而高浓度可引起杀伤而成为疏花药剂。相同药剂在相同植物上，因不同施用时期而产生不同效应。如吲哚乙酸对藜的作用，在成花诱导之前应用可抑制成花，而在成花诱导之后应用则有促进开花的作用。

（2）由于各种生长调节剂被吸收和在植物体内运输的特性不同而各有其适宜的施用方法。易被植物吸收、运输的药剂如赤霉酸、丁酰肼、矮壮素，可用叶面喷施；能由根系吸收并向上运输的药剂如多效唑、甲哌鎓等，可用土壤浇灌；对易于移动或需在局部发生效应时，可用局部注射或涂抹，例如用苄氨基嘌呤涂抹芽头可促进发芽。叶面喷施是多数药剂常用的方法，叶龄老幼会影响药剂在叶面存留的时间及吸入量，从而产生不同的效应，应予以注意。土壤浇灌时应考虑土中残留药剂的作用。

（3）环境条件明显影响植物生长调节剂的施用效果。有的需在长日照条件下发生作用，有的则需短日照相配合。此外，土壤湿度、空气相对湿度、土壤营养状况以及有无病虫害等都会影响药剂的正常效应。

（4）多种植物生长调节剂组合应用时可能存在相互增效或相互拮抗作用。植物生长调节剂对植物的效应，不仅取决于与所施用的植物生长调节剂同类的内源植物激素含量，而且还取决于其他各类内源激素的含量，应慎重使用。

五、植物生长调节剂的使用技术

要用好植物生长调节剂，必须掌握其使用过程中的几个重要环节，如药剂选择、使用时期、使用方法和使用的浓度与剂量。

（一）药剂选择

选择恰当的植物生长调节剂种类，是正确使用的先决条件。在选择植物生长调节剂时，需要综合考虑处理对象、应用效果、价格和安全性等因素。例如在使用细胞分裂素促进花芽分化时，可以选择的细胞分裂素种类很多，有激动素、苄氨基嘌呤、氯吡脲和噻苯隆等，尽管它们具有细胞分裂素所共有的生理作用，但它们的使用效果可能因观赏植物的种类、不同的环境条件和发育时期等大相径庭。在具体选择时，首先应该考虑的是使用效果和安全性，而使用的便捷和成本等可以在保证效果和安全性的前提下逐渐改进和完善。

（二）使用时期

同一种植物生长调节剂在同一种观赏植物的不同生长发育时期使用，会得到完全不同的结果。植物生长调节剂的生理效应往往是与一定的生长发育时期相联系的，错过了处理的时期，效果不好或没有效果，有时还会产生不良的效果。对于观赏植物，苗木营养生长阶段往往是植物生长调节剂处理的关键时期。在苗木生长量正处于上升时期，使用赤霉酸、萘乙酸等植物生长促进剂，对生长有进一步促进作用。但如果在苗木生长量下降开始时使用，就可能没有明显效果。

（三）使用方法

通常根据观赏植物生产的具体要求来选择相应的使用方法。例如用多效唑矮化水仙，用药液浸泡水仙鳞茎，可以取得良好的效果，在其水养液中加入药剂，效果也不错。但如果采用叶面喷洒，则往往难以取得理想的效果。另外，处理的部位也非常重要，用二氯苯氧乙酸防止落花时，需要把药剂涂抹在花朵上，如果整株喷洒，不但效果不佳，还可能会伤害幼叶。施用方式也是一个需要考虑的问题，如在进行扦插生根时，小规模可选用较低浓度浸泡处理，大规模则应选用较高浓度速浸法。

（四）使用剂量

在植物生长调节剂的使用中，剂量的问题一定要重视。一个突出的例子是二氯苯氧乙酸，在低浓度时作为植物生长调节剂使用，可以促进生长、诱导单性结实、保花保果等；高浓度时则可以用作除草剂，用来杀死植物。

（五）进行小规模预备试验

如果是第一次使用某种植物生长调节剂，或是首次在某种观赏植物上使用，应该先进行小规模预备试验。因为同一植物生长调节剂，由于厂家不同、批号不同、存放时间不同，都有可能出现差异。而观赏植物种类不同、品种不同，加之不同地区气候条件不同，甚至每年气候条件不同或土壤类型不同，植物生长调节剂的应用效果都会有差别。

（六）要配合其他技术措施

植物生长调节剂是调节植物生长发育的生理活性物质，不能代替水、肥和农药等，更不是万能的灵丹妙药。植物生长调节剂只是在植物生长发育过程中某个环节起调控作用，一定要摆正其在观赏植物生产中的位置，并注意与灌溉、施肥等栽培措施的合理配合。尤其是在植物生长发育不良的条件下，植物生长调节剂的使用更须谨慎。

第四节
植物生长调节剂在观赏植物生产中的主要应用

在观赏植物生产中，植物生长调节剂的应用越来越广泛，几乎应用于观赏植物生产的所有环节，并日益成为提高观赏植物产量和品质的重要手段之一。目前，植物生长调节剂在观赏植物生产中的应用主要有如下几个方面：

一、植物生长调节剂在苗木繁殖上的应用

育苗繁殖是进行苗木数量扩大的重要环节，花卉类型不同，繁殖手段也不相同。对一、二年生花卉而言，主要是通过播种的形式进行育苗繁殖；对宿根花卉，在播种育苗的基础上，还可以通过压条、扦插、分株以及嫁接等方式进行育苗繁殖；而球根花卉一般是进行分球育苗繁殖。

观赏植物的种类繁多，繁殖方式各异，归纳起来可分为有性繁殖（种子繁殖）和无性繁殖等。其中无性繁殖又称为营养繁殖，包括扦插、分生（包括分株、分球等）、压条、嫁接繁殖和组织培养等（表1-5）。

表 1-5　观赏植物的主要繁殖方法

观赏植物类别	主要繁殖方法
一、二年生草本	种子繁殖、扦插、分株、组织培养
宿根及球根类	种子繁殖、分根、分球、组织培养
室内观叶植物	扦插、组织培养
地被植物	扦插、分株、组织培养
观赏树木	种子繁殖、扦插、分株、嫁接、组织培养
草坪草	种子繁殖、分株
藤本植物	扦插、分株、嫁接、组织培养

植物生长调节剂在观赏植物繁殖中的应用十分广泛，如促进种子萌发、打破球根休眠、促进扦插生根、组织培养等，并在分生、压条、嫁接等繁殖方法上也有应用。利用植物生长调节剂，不仅可改进传统的繁殖技术，并且使一些用传统繁殖技术难以解决的问题迎刃而解。例如，一些需要特殊条件才能萌发的种子或球根（比如需要低温），在传统生产中，操作往往费时费力，而使用赤霉酸等植物生长调节剂处理往往可轻易解决这一问题；利用组织培养技术，则可以在较短时间内快速繁育以营养繁殖为主的观赏植物，而在这一过程中，生长素类和细胞分裂素类植物生长调节剂的应用起着至关重要的作用。另外，采用吲哚丁酸、萘乙酸等植物生长调节剂处理，可有效提高观赏植物扦插、分生、压条和嫁接繁殖的成活率。

（一）打破种子休眠，促进萌发

种子繁殖是用植物种子进行播种，通过一定的培育过程得到新植株的方法。由种子得到的实生苗，具有根系发达、生活力旺盛、对环境适应能力强等优点。另外，实生苗还可用作营养繁殖的母本，即作为插穗、压条、分株的母株等。

一些观赏植物种子有休眠的习性，这种习性是植物经过长期演化而获得的一种对环境条件及季节性变化的生物学适应性，对观赏植物生存及种族繁衍有重要意义。但在生产上，观赏植物种子在采收后需经过一段休眠期才能萌发，这样给观赏植物的生产带来一定的困难。例如，休眠的种子如果不经过处理，则播种后发芽率低，出苗不整齐，不便于管理，直接影响观赏植物苗木的产量和质量。

合理运用一些植物生长调节剂处理，可使种子提早结束休眠状态，促进种子萌发，使出苗快、齐、匀、全、壮，从而有效缩短育苗周期，并提高观赏植物苗木产量和质量。其中以赤霉酸处理最为普遍。赤霉酸可以代替低温，使一些需经低温层积处理才能萌发的种子无需低温贮藏就能发芽。甚至用低温处理也难以打破的一些种子休眠，用赤霉酸处理也可有效打破休眠，促进萌发。赤霉酸还能使一些喜光的种子在暗环境中发芽。另外，用生长素类和细胞分裂素类等处理对有些观赏植物种子萌发也有促进作用，它们与赤霉酸一起使用时往往效果更好。运用植物生长调节剂促进种子萌发的处理方法主要有浸泡法、拌种法等。对于不同观赏植物的种子，所用植物生长调节剂的种类、处理方法以及使用的浓度和处理时间往往有些差别，具体处理时可参照一些实例进行，最好是进行有关试验后才大量应用。

（二）打破球根花卉种球休眠

球根花卉成熟的球根除了有若干个花芽外，还有营养芽和根，并贮藏着丰富的营养物质和水分。在自然条件下，这些球根以休眠的方式度过环境条件较为恶劣的季节（寒冷的冬季或干旱炎热的夏季），当环境条件适合时，便再度生长、开花。球根有两种功能：一是储存营养，为球根花卉新的生长发育提供最初营养来源；二是用于繁殖，球根可通过分株或分割等形式进行营养繁殖。球根花卉种球的休眠习性，一方面可以使其躲避自然界季节性的不良生长环境，另一方面也可人为地将它们置于一些特定的条件下，有效地调控球根的发育进程。

应用植物生长调节剂对球根花卉进行种球处理，在一定程度上补救因低温时间不足或温度不适宜对种球发芽、开花的影响，不仅可打破休眠、促进种球发芽，而且有助于提早开花和提高球根花卉的品质。用于打破球根休眠的植物生长调节剂主要有赤霉酸、乙烯（或乙烯利）、萘乙酸和苄氨基嘌呤等，其中以赤霉酸处理最为普遍。用植物生长调节剂打破球根休眠时，需依据生产和市场的要求选定植物生长调节剂的种类，并多用单一或几种植物生长调节剂浸泡或喷洒球根。若用乙烯进行处理则可采用气熏法。另外，植物生长调节剂处理时还可视需要结合低温处理。

（三）促进扦插生根

利用植物营养器官的再生能力，切取根、茎或叶的一部分，插入沙或其他基质中，长出不定根和不定芽，进而长成一新的植株，叫扦插繁殖。扦插是观赏植物最常用的繁殖方法之一。扦插繁殖获得的小植株长至成品苗直到开花比种子繁殖要更快，且能保持原品种特性。对不易产生种子的观赏植物，扦插繁殖更有其优越性。

为提高插穗成活率和培育壮苗，促进不定根早发、快发和多发十分重要。应用植物生长调节剂对插穗进行扦插前处理，不仅生根率、生根数以及根的粗度、长度都有显著提高，而且苗木生根期缩短、生根一致，是目前促进扦插成活的有效技术措施。常用的植物生长调节剂主要有吲哚丁酸、萘乙酸、二氯苯氧乙酸和吲哚乙酸等，其中又以吲哚丁酸和萘乙酸最为常用。除生长素类物质常用于促进生根外，苄氨基嘌呤、激动素等细胞分裂素类物质对某些植物生根也有促进作用。另外，在扦插实践中，生长素类物质往往与一些辅助因子（微量元素、维生素、黄腐酸等）混合使用，可进一步促进插穗生根和提高成活率。有时，把几种促进生根的生长调节剂混合使用，其效果往往优于单独使用。植物生长调节剂处理插穗的方法主要有浸渍法、沾蘸法、粉剂法、叶面喷洒法和羊毛脂制剂涂布法等，其中以浸渍法最为常用。

近年兴起的水培扦插就是以水作“基质”扦插繁殖观赏植物，并使之产生新根成为独立植物体的方法。与沙土或其他扦插基质相比，采用水培扦插进行扦插繁殖具有以下优点：一是操作简单，省时省力且节约开支，还可以避免扦插生根后向田间移栽过程中的大量伤根，从而提高成活率，并为以后水培观赏奠定基础；二是水中有害微生物少，清洁无污染，成苗率高，不受地区性土质限制，减少了土壤的病虫危害，也可避免土壤的连作障碍和土壤栽培中易产生积水烂根等问题；三是水温稳定，昼夜温差小，水面空气湿度大，枝条易吸水；四是插穗水培生根时整个生根过程都易于跟踪掌握，可以根据插穗生根诱导和生长等情况，及时调整培养液和植物生长调节剂种类及浓度。

（四）组织培养

组织培养（tissue culture）又称离体培养，是利用植物细胞和组织的再生能力，在人工控制的无菌环境条件下，将离体的植物器官（根、茎、叶、花、果实、种子等）、组织（形成层、花药组织、胚乳、皮层等）、细胞（体细胞和生殖细胞）以及原生质体，培养在人工配制的培养基上，给予适当的培养条件，使其长成完整的植株（组培苗）。由于利用组织培养进行繁殖速度很快，故又称之为“快速繁殖”（rapid propagation）或“快繁”，又由于其使用的材料细小，又称之为“微体繁殖”（micropropagation）或简称“微繁”。

运用组织培养技术，只需取原材料的一小块组织或器官就能在短期内生产出大量市场所需的优质花卉和苗木，从而获得较高的经济效益。组织培养对一些难繁殖的名贵花卉品种及一些短期内大量急需生产的花卉尤为适宜。其次，组织培养是一种微型的无性繁殖，它取材于同一个体的体细胞而不是性细胞，因此其后代遗传性非常一致，能保持原有品种的优良性状。另外，利用热处理结合试管茎尖培养的方法可除去绝大多数观赏植物的病毒，培养得到的基本上是无病毒苗（virus-free plants）。再者，组织培养已成为获取观赏植物新品种的最实用技术之一。特别是基因工程育种与组培技术和传统常规育种技术紧密结合，将是观赏植物新品种选育的重要发展趋势。

使离体的器官组织或细胞经培养形成一株完整的植株，需要经过细胞的分裂、生长和分化，包括组织和器官的生长和分化，这一系列的变化都是在植物激素的调控下进行的，其中影响最显著的是生长素类和细胞分裂素类物质。生长素类物质最常用的有吲哚乙酸、二氯苯氧乙酸、萘乙酸、吲哚丁酸等。它们的主要作用：一是诱导愈伤组织的形成和再分化；二是诱导发根。细胞分裂素常用的有激动素、苄氨基嘌呤、玉米素和2-异戊烯基腺嘌呤等。细胞分裂素类可调控组织培养的材料向茎、芽的方向分化。另外，噻苯隆是一种已被广泛用于植物组织培养形态发生的新型植物生长调节剂，它能诱导外植体从愈伤组织形成到体细胞胚胎发生的一系列不同反应，还能有效诱导侧芽和不定芽的生成，具有生长素和细胞分裂素双重作用的特殊功能。生长素类和细胞分裂素类在培养基中所占浓度比例，对外植体最终分化芽还是分化根有重要影响。如果培养基中所加的细胞分裂素类与生长素类浓度之比大，对分化芽有利；反之，则有利于生根。所以，根据培养目的的不同，利用植物激素控制形态发生这一规律，可有针对性地调整植物生长调节剂的组合与比例，以控制根或芽的产生。

总之，植物生长调节剂是培养基中不可缺少的关键物质，对愈伤组织的诱导、器官分化和生根等过程都有着直接的影响。在组织培养中，不同的观赏植物甚至同一植物的不同部位作为外植体，植物生长调节剂的种类和比例也有所不同。另外，为了促进细胞的分化和胚状体的形成，既要注意激素类物质的比例，还要注意所添加的绝对量。

（五）促进分生繁殖和成活

分生繁殖是将丛生的植株分离，或将植物营养器官的一部分（如吸芽、珠芽、长匍茎、变态茎等）与母株分离，另行栽植而形成独立新植株的繁殖方法。分生繁殖所获得的新植株能保持母株的遗传性状，且方法简便、易于成活、成苗较快。观赏植物分生繁殖时，可采用吲哚乙酸、吲哚丁酸、萘乙酸等生长素类物质，浸渍或喷施处理从丛生的观赏植物母株分离得到的吸芽、珠芽、长匍茎、变态茎等，促进其快速生根和提高成活率。

（六）促进嫁接成活

嫁接繁殖是把植物体的一部分（接穗）嫁接到另外一植物体上（砧木），其组织相互愈合后，培养成独立新个体的繁殖方法。通过对亲缘关系较近的植物进行嫁接，能够保持亲本的优良特性，提早开花和结果，增强抗逆性和适应性，提高产量，改善品质。而通过远缘嫁接所改变的观赏性状，可将其培育成新品种。另外，嫁接还被广泛用于观赏植物的造型，如塔菊、瀑布式的蟹爪兰、一花多色的月季等。嫁接还可使生长缓慢的山茶花快速形成树桩盆景。观赏植物嫁接时，可采用吲哚乙酸、吲哚丁酸、萘乙酸等生长素类物质，分别通过处理接穗或砧木，来促进观赏植物嫁接伤口愈合，提高嫁接成活率。

（七）促进压条生根和成活

压条繁殖是无性繁殖的一种，是将母株上的枝条或茎蔓埋压土中或在树上将欲压枝条的基部经适当处理包埋于生根介质中，使之生根，再从母株割离成为独立、完整的新植株。压条繁殖具有保持母本优良性状、变异性小、开花早等优点。

观赏植物压条繁殖时，运用吲哚丁酸或萘乙酸等生长素类植物生长调节剂处理往往可促进压条生根和提高成活率。

二、 植物生长调节剂在调控观赏植物生长上的应用

观赏植物的生长快慢及株型特征直接关系到其产量和品质。运用赤霉酸、生长素类、细胞分裂素类等植物生长促进剂及矮壮素、多效唑、烯效唑等生长延缓剂等人为调控观赏植物生长的做法，已经在穴盘育苗、苗木移栽、切花生产以及观赏植物矮化和株型整饰等方面应用广泛。目前，利用植物生长调节剂调控观赏植物生长和株型整饰以叶面喷施处理最为普遍，另外也可以采用土施处理以及种子或球茎浸泡处理等方法。植物生长调节剂的种类及其处理方法、处理的浓度和剂量、次数和间隔时间，必须根据种植目的、不同观赏植物的敏感程度和栽培长势等灵活适度掌握。浓度过小，效果不明显；浓度过大，生长过快或缓慢停止，甚至造成茎、叶、花朵等的畸形。

（一）控制穴盘苗徒长

观赏植物育苗是花卉产业化链条中的一个重要环节，幼苗的质量直接影响到观赏植物产品的产量和质量。穴盘育苗技术作为一种适合工厂化种苗生产的育苗方式，近年来在我国得到空前发展，并对观赏植物种苗的规模化生产和商品化供应起着重要的作用。不过，在穴盘育苗条件下，由于高度集约化的生产和穴盘构造的特殊性，穴盘苗根际面积和光合作用的营养面积很小，观赏植物幼苗地上部分与地下部分的生长常常受到限制，如果再遇到光照不足、高温高湿、幼苗拥挤以及移植或定植不及时等情况，容易造成秧苗徒长，导致质量下降。为了培育适龄壮苗，可运用多效唑、烯效唑、丁酰肼等植物生长延缓剂对观赏植物穴盘苗的生长加以调控，并具有成本低、见效快、操作简单等优点。

（二）促进苗木移栽成活

移栽是观赏植物种植的一个重要生产环节，移栽过程对其成活和生长与发育有重要的影响。另外，近年来，我国经济持续、快速发展，城市化进程日益加快。观赏植物苗木作为城市绿化和环境美化的重要素材，异地种植变得越来越普遍。不过，观赏植物苗木在移栽过程中，移栽的苗木有时仅有主根，而没有或者只有很少的吸收根。另外，对于已经生长了一段时间的苗木而言，移栽后会出现一个持续时间较长的缓苗期。一般说来，随着树龄增大，细胞再生能力降低。所以，实施苗木移栽之后，不仅那些在移栽过程中损伤的根系恢复缓慢，而且新根、新枝的再生能力也弱。这样就会影响移栽成活率，并延缓苗木在城市绿地中的成景速度。

为了提高观赏植物苗木（尤其是大规格苗木和大树）的移栽成活率，除了选

择适宜的移栽苗木和改良移栽技术外，还可运用吲哚丁酸和萘乙酸等生长素类进行喷施或浸渍处理促进根系生长。在大树起掘时，大量须根丧失，主根、侧根等均被截伤，树木根系既要伤口愈合，又要形成新根，可运用生长素类植物生长调节剂促进根系愈合和生长。大树移植时，在植株吊进移植穴后，依次解开包裹土球的包扎物，修整伤损根系，然后用吲哚丁酸或萘乙酸溶液喷根，可促进移栽后快发、多发新根，加速恢复树势。另外，绿化大树移栽成活后，为了有效促发新根，可结合浇水加施萘乙酸或吲哚丁酸等。

在树木全冠移植时，提高移植成活率的关键技术就是快速促根和减少蒸腾。为此，一是运用生长素类植物生长调节剂处理根部促进早发根、多发根，尽快重建正常根系系统；二是在树木运输和移植前以及定植后均可在叶面喷施诱抗素溶液，以降低气孔开度和减少水分蒸腾散失。另外，在树木定植后，可用萘乙酸及细胞分裂素类物质对枝干伤口及树皮损伤处进行修复处理，以促进伤口愈合，避免后期雨水浸泡造成伤口腐烂和扩大，并减少病虫害。

（三）加快观赏植物生长和提高品质

盆栽观赏植物在开花之前，运用赤霉素类、生长素类、细胞分裂素类等处理，可促进茎叶生长和花梗伸长，从而加快生产和提高观赏性。切花产品对花茎有一定的长度标准，在栽培过程中应用赤霉素类等处理可促进切花花卉的生长，尤其是花梗的伸长，从而增加花枝长度，这对切花的剪取和品质等级的提高极为重要。在盆景制作过程中，使用萘乙酸、吲哚丁酸、赤霉酸、细胞分裂素类等可加速盆景植物的培育进程。例如，在树苗栽植前用萘乙酸、吲哚丁酸等溶液浸渍处理，可促发新根；在生长期间用赤霉酸、细胞分裂素类等处理，可加快生长速度；有意刺伤树桩并涂抹萘乙酸、吲哚丁酸等溶液，可加速伤口愈合和结瘤，从而增加苍老的效果。观赏树木在快速生长阶段，其生长量处于上升期，且对植物生长调节剂敏感，期间可运用一些生长促进剂处理加速观赏树木生长。在水培花卉生产中，运用适宜浓度的吲哚丁酸、萘乙酸等处理，有助于及早形成适应水栽环境的新根，缩短水栽花卉的生产周期。同时由于其根系生长更为旺盛，可进一步突出水栽花卉的观根特色，提高观赏价值和商品价值。另外，运用一些植物生长调节剂处理可使一些矮生性或蔓生性的观赏植物生长快且健壮，提高其观赏价值。

（四）观赏植物矮化和株型整饰

美化的株型是观赏植物突出的特征之一，植物生长延缓剂和抑制剂的应用为控制观赏植物株型提供一条高效的途径。采用多效唑、烯效唑、矮壮素、丁酰肼等喷施或土施处理，可有效抑制盆栽植物的伸长生长，控制株高，并促进分枝及花芽分化，使之形成理想的株型，提高观赏价值。应用多效唑、矮壮素、丁酰肼、甲哌鎓等控制盆景植物树冠生长，可使新梢生长缓慢、节间缩短、叶色浓绿、枝干粗壮、株型紧凑、树体矮化，获得良好的造型效果。矮化已成为花坛植物栽培的一个趋向，采用矮壮素、多效唑、烯效唑、丁酰肼等喷洒处理矮牵牛、紫菀、鼠尾草、百日草、金鱼草、金盏花、藿香蓟、龙面花等地坛花卉幼苗，均可使株型矮化。一些用作绿篱的灌木或小乔木植物，往往需要通过打尖或整枝来改善其观赏性，因此在生长旺盛时期通常要用大量劳力来从事这项繁杂的工作，利用抑芽丹、矮壮素、多效唑、烯效唑等喷施处理代替人工打尖，可减少修剪次数，降低人工成本。另外，在春季行道树腋芽开始生长时用抑芽丹等溶液进行叶面喷洒，可控制行道树树形。

三、 植物生长调节剂在调控观赏植物开花和坐果上的应用

植物生长调节剂可用于促进观赏植物花芽分化、增加花数和促进开花。一方面，利用植物生长调节剂促进采种的观赏植物母株开花和坐果，可提高种子产量；另一方面，由于观赏植物一般在相对固定的季节开花，而商品化花卉生产要求的花期，往往是由市场来决定。因此，利用各种手段调控观赏植物的花期，对观赏植物商品化生产非常重要。目前，利用植物生长调节剂调控花期已经在多种观赏植物中得到应用。适时施用生长调节剂调节花蕾的生长发育，可达到预期开花的效果，还可克服光、温等处理成本高的问题。例如，赤霉酸处理可促进多数观赏植物提前开花，乙烯利则常用于促进凤梨科植物开花。一些盆景以观花观果为主要特色，而运用多效唑、乙烯利、整形素等植物生长调节剂可调控盆景植物的开花与结果。

（一）调节开花

观赏植物的开花与否、开花迟早以及开花数量多少、花的品质高低，都直接影响其观赏价值和经济价值的高低。利用人为的措施使观赏植物提前或延后开花称花期调控，也称催延花期技术。观赏植物的开花调节主要是指花期调控，目的在于根据市场或应用需求提供产品，以丰富节日或经常性的需要。花期调控既可使观赏植物集中在同一时间开花，以举办各种展览，又能为节日或其他特定需求定时供花，还能缓解市场供应旺淡不均的矛盾。在观赏植物的大规模生产中，通过花期调控，保证按时、按质、按量供应，乃是花卉企业经营的重要基础。花期调控的技术途径除了利用对温度、光照的控制以及借助修剪、摘心、摘蕾等常规园艺措施之外，还可应用植物生长调节剂进行处理。赤霉酸、生长素类、细胞分裂素类、乙烯利等常用于促进开花，而多效唑、烯效唑等可抑制某些观赏植物的花芽形成而延迟开花。

（二）调节坐果

观果类观赏植物是指以果实为主要观赏部位的植物，主要有草本观果植物和

木本观果植物等。要使观果类观赏植物达到理想的观赏效果，必须保证果实分布、大小均匀，坐果率高，成熟整齐。因此，对于坐果较为困难的种类要尽量减少落花落果、提高坐果率；坐果率过高要适当疏花疏果，以增加观赏效果的持续性。利用植物生长调节剂可调节观果类观赏植物果实的营养物质输送，减少果实脱落，提高坐果率。常用的植物生长调节剂有二氯苯氧乙酸、萘乙酸、防落素等生长素类物质及多效唑、烯效唑、矮壮素等生长延缓剂。生长素类植物生长调节剂在草本观果植物上应用较多，但使用时要注意尽量采取涂抹浸蘸花朵（或幼果）的方法，避免使用喷施法，因为容易将药剂喷在幼叶上，造成伤害。赤霉酸在一些木本观果植物上具有促进坐果的作用，但对于多种植物而言，主要用于诱导无籽果实，有时使用不当，反而会引起落果。生长延缓剂可抑制新枝徒长，减少养分消耗，保证幼果得到充足的营养，从而促进坐果。生长延缓剂的使用，还兼有控制株型、提高观赏价值的作用。近年来，植物生长调节剂在果树盆景上的应用越来越普遍，有些药物对抑制生长、促进成花有显著作用。

（三）疏花疏果

运用一些植物生长调节剂对部分园林观赏植物疏花疏果、防治飞絮等也越来越普遍。例如，杨树、柳树的飞絮易引起呼吸系统疾病和带来火灾隐患，但若在二者花芽分化前期用适量的赤霉酸溶液叶面喷施，可有效减轻飞絮的发生。另外，大叶女贞及一些果树行道树，结的果实多、落果严重时往往会污秽路面，甚至污损车辆。为此，在这些植物的盛花期用萘乙酸、乙烯利等溶液叶面喷施，可起到疏花疏果的效果。

四、 植物生长调节剂在观赏植物养护和采后贮运保鲜上的应用

观赏植物的叶片、花和果实等器官乃至整个植株的衰老、脱落以至死亡，是其生长发育进程中的必然现象。不过，人们种植观赏植物总是期望能有效地延长其观赏寿命，比如：延长观花植物的花期、较长时期保持观叶植物叶片鲜绿、延迟观果植物的果实脱落、维持切花较长时间的采后寿命和观赏品质、延长草坪草绿期等。事实上，如何延缓观赏植物衰老、有效延长其观赏寿命和保证贮运期间的观赏品质是观赏植物生产者、经营者和消费者均十分关心的问题。

应用植物生长促进剂（如苄氨基嘌呤、噻苯隆、萘乙酸等）、生长延缓剂（矮壮素、多效唑、烯效唑等）及乙烯受体抑制剂（1-甲基环丙烯等）等处理，已经在盆栽观赏植物的养护、古树名木的复壮和养护、切花和盆栽植物的贮运保鲜以及延长草坪草观赏期等方面得到了较为广泛的应用。植物生长调节剂的施用方法以叶面喷施、土施处理和基部浸渍等处理较为普遍，植物生长调节剂的种类及其处理方式，与观赏植物种类和应用目的密切相关。

（一）盆栽观赏植物的养护

盆栽植物通常包括盆花和盆栽观叶植物。盆栽植物的生长环境多在室内（如温室、厅堂等），往往光照强度低，空气较为干燥，加之人为浇水不当、时干时涝，易缩短观赏植物的观赏寿命。为此，除改善观赏植物的生长环境和加强肥水管理外，还可辅以植物生长调节剂处理来延缓叶片和花朵的衰老以及防止落叶、落花和落果现象。处理方法多选择在观赏植物蕾期或幼果期用萘乙酸、二氯苯氧乙酸、苄氨基嘌呤、矮壮素、多效唑等进行喷洒处理或涂抹离层部位，近年也有用1-甲基环丙烯气熏处理来延长盆栽植物的观赏寿命。

（二）古树名木的复壮和养护

古树名木是人类历史发展过程中保存下来的年代久远或具有重要科研、历史、文化价值的树木，往往树龄较高、树势衰老，根系吸收水分、养分的能力和新根再生的能力较弱，树冠枝叶的生长较为缓慢，如遇外部环境的不适，极易导致树体生长衰弱或死亡。在古树名木的复壮和养护中，应用植物生长调节剂有时可发挥其特殊的效果。一般而言，当植物缺乏营养或生长衰退时，常出现多花多果的现象，这是植物生长发育的自我调节。但大量结果会造成植物营养失调，古树发生这种现象时后果更为严重。采用植物生长调节剂则可抑制古树的生殖生长，促进营养生长，恢复树势而达到复壮的效果。由于古树根系的生长具有明显的向心生长趋势，刚移栽时活性根系量较少，对水肥吸收能力弱。运用萘乙酸、吲哚丁酸等生长素类物质并配合有机肥浇灌根部，可活化土壤、促发新根，进而提高古树根系的吸收能力。另外，针对一些冠幅小、分枝少的古树，用含有细胞分裂素类、赤霉酸的生物混合剂叶面喷施，可起到促进侧芽萌发、枝叶生长的作用，并对冠形修复也有一定的效果。

（三）切花的贮运保鲜

切花（含切叶、切枝）采后的贮藏和运输是切花生产的重要环节，切花的贮藏可以调节其上市时间和供应期，通过运输则可实现异地交易和调节供需。不过，由于切花是鲜活的园艺产品，其生命活动和衰老过程在贮运期间并未停止，加之贮运条件的不利影响，易使切花发生花芽花瓣的脱落、叶片变黄和向地性弯曲等现象。乙烯被认为是加速切花采后衰老的关键物质，切花采后如遭机械损伤、病虫害侵袭、高温、缺水等情况，都会使乙烯产生速度加快。遭病菌感染或受伤的组织要比正常组织产生乙烯量更高，甚至一些断梗或霉烂的残花都能产生大量乙烯，且花朵因缺水而枯萎时，也会产生大量乙烯。为了保持切花的采后品质和延缓衰老，通常用一些含有乙烯抑制剂和乙烯拮抗剂（如1-甲基环丙烯及其类似物等）以及细胞分裂素类、生长素类等化学药剂或商品化的切花保鲜剂予以处理。

在切花采后各环节，采用适宜的切花保鲜剂能使花朵增大，保持叶片和花瓣的色泽，从而提高花卉品质，延长切花的货架寿命和瓶插寿命。另外，如若能在采前运用细胞分裂素类以及多效唑、丁酰肼等植物生长调节剂进行处理，也可有效延缓切花衰老和保持观赏品质。

（四）盆栽观赏植物的贮运保鲜

盆栽观赏植物采后贮运过程中，通常会因光照强度、温度、湿度等环境条件不适或发生剧烈变化而导致观赏性下降和观赏期缩短。盆栽观赏植物经较长时间运输及贮藏后，往往易出现叶片黄化和脱落、新梢过度生长、花蕾和花朵脱落及花蕾不开放等品质问题。一般说来，盆栽观赏植物对乙烯的反应不如切花敏感，但乙烯对许多盆栽植物，尤其是盆栽观花植物会产生有害影响。比如，乙烯可引起花蕾枯萎以及花瓣、花蕾、花朵、整个花序和果实脱落，并增加花的畸形。另外，乙烯还可引起叶片的黄化、脱落。在盆栽观赏植物贮藏与运输前，用乙烯抑制剂（氨基乙氧基乙烯基甘氨酸等）和乙烯拮抗剂（硫代硫酸银、1-甲基环丙烯等）进行处理，可减轻乙烯的危害。例如，在盆花或切花贮运前用1-甲基环丙烯处理可抑制一些落花、落叶和落蕾现象，有效延长采后观赏寿命。另外，用萘乙酸、二氯苯氧乙酸等喷施盆栽观赏植物可减少贮运过程中的器官脱落。

（五）延长草坪草绿期

草坪草在一年当中保持绿色的天数（绿期）主要是由其遗传因子决定，但也受气候和环境条件的影响。特别是遇到不适宜的环境条件和病虫害发生，都会诱发、加速草坪草衰老枯黄，使绿期缩短，导致整个草坪观赏性降低。除了围绕选择合适的草坪草种、适时修剪、科学施肥、合理灌溉、病虫害防治等几方面开展工作外，还可运用植物生长调节剂来延长草坪草观赏期。目前，延长草坪草绿期的常用植物生长调节剂有细胞分裂素类（如苄氨基嘌呤等）和赤霉素类以及烯效唑、多效唑等。施用植物生长调节剂的方案和时机主要有两种：一是在草坪草衰老枯黄前使用，通过延缓草坪草衰老、推迟休眠，缩短枯黄期，进而延长草坪绿期；二是在草坪枯黄、草坪草进入休眠期后使用，其目的是打破草坪草休眠，使其提前萌发，加快返青。

五、 植物生长调节剂在提高观赏植物抗逆性上的应用

在观赏植物种植中，不可避免地要遭遇低温、干旱、水涝及病虫害等不良因素的影响。在这些逆境条件下，观赏植物的生长发育会受到不同程度的抑制和损害。若是遭遇极端气候，如极度的寒冷、酷热、干旱、暴晒等，会给观赏植物带来更严重的伤害。生产实际中，可通过采用温室、大棚等设施种养观赏植物，减轻伤害。但是，设施化程度不高或者露地种植的观赏植物，则易受到环境胁迫的

伤害。另外，对于街道绿化、摆花，比如人行道树以及绿篱、新兴屋顶花园等，由于这些观赏植物的根系生长受到不同程度的限制，更易受到冻害、旱涝等的损害，如能提升它们抵抗不良环境的能力（即抗逆性），有助于确保植株在严酷的环境中也能保持较高的存活率及观赏性。

为此，除了选择抗性强的品种、选择适宜的种植地域及改善栽培条件和技术之外，运用诱抗素、胺鲜酯、芸薹素内酯、水杨酸等植物生长调节剂进行处理，也可提高观赏植物的抗逆性，进而有效减轻不良环境因素的危害。另外，施用矮壮素、多效唑、烯效唑等植物生长调节剂有利于延缓枝条生长，使枝条老熟，促进根系生长，增强观赏植物的抗逆性。

（一）提高耐热性，减轻高温伤害

在高温逆境下，植物细胞膜结构遭受破坏，易丧失其选择性和功能。同时，高温下正常蛋白合成受阻、分解加剧，加剧膜结构完整和功能的进一步破坏。细胞内部的原生质和电解质外渗被认为是膜损伤的重要标志，也是植物伤害的一个主要原因。

采用诱抗素、水杨酸等植物生长调节剂处理，可诱导抗性基因的表达，有效维持植物高温下膜的稳定性，从而提高抗热性。例如，适宜的诱抗素、水杨酸处理可减轻冷季型草坪草高羊茅由于高温造成的氧化伤害，维持其较低的相对电导率和较高的相对含水量。另外，用200mg/L多效唑叶面喷施高羊茅，可增强根系活力，并增加叶片的叶绿素、可溶性糖、可溶性蛋白质含量和过氧化物酶活性，降低丙二醛含量，保持膜系统稳定，从而增强植株的耐热性和延缓植株的衰老，获得较好越夏能力。又例如，百日草不耐酷暑，当气温高于35℃时，易徒长、倒伏，叶色变淡。为此可在百日草穴盘苗长到3～4叶期时，用30mg/L烯效唑溶液进行2天灌根处理，可减轻高温胁迫造成的徒长变细，并减缓高温对植株的伤害作用。其次，在百日草穴盘苗移入营养钵1周后用60mg/L水杨酸溶液叶面喷施，可增强百日草的根系活力及耐高温能力。

（二）提高抗寒性，减轻低温伤害

低温胁迫（零上低温和零下低温）可不同程度地抑制和干扰植物的生长发育，并造成冷害和冻害甚至死亡。活性氧是植物体内代谢活动的产物，在正常的生理状态下，它们可以被植物本身的抗氧化系统清除，从而在其产生与清除之间建立起一种动态平衡。但当植物遇到低温胁迫时，活性氧的产生速度加快而清除能力受抑，结果使活性氧大量积累并产生伤害。观赏植物种子萌发和幼苗生长阶段若遇上低温胁迫，以及不可预知的偶发性非正常季节降温，均可在早期阶段即造成严重的伤害。

在观赏植物生产中，如果使用芸薹素内酯、诱抗素、水杨酸等植物生长调节剂进行浸种或喷施处理，则可通过提高细胞内活性氧清除系统的活性，减少活性氧累积和危害，从而提高观赏植物的抗寒性，减轻低温胁迫造成的伤害。另外，春季育苗时，气温较低，阳光照射时间短，加上温室内温度控制不当，易造成细弱高脚苗，定植后缓苗时间较长，成活率降低。若用多效唑、丁酰肼、乙烯利、矮壮素等植物生长调节剂，可起到减弱顶端优势、控制株高、促增根系、促茎粗壮的作用，达到培育壮苗的目的。例如，在狗牙根入冬前用15mg/L诱抗素溶液叶面喷施，可提高对低温的适应能力。用1000mg/L丁酰肼溶液喷施假俭草，可提高其抗寒性，并延缓低温条件下的叶绿素分解，从而改善其观赏价值和景观效应。另外，热带花卉红掌的生长温度要求在14℃以上，气温下降到12℃以下时植株就会受到冷害。为此，可用300mg/L水杨酸溶液喷施植株，可提高其抗寒能力。

（三）提高抗旱性，减轻干旱伤害

土壤水分供应不足或大气干旱会导致植物体内水分过度亏缺而使植物体受到伤害，轻则减缓植物生长，影响其正常生产和观赏性，严重时可能会导致植物死亡。干旱胁迫下，细胞严重失水，加之活性氧累积，导致膜脂过氧化，引起膜结构伤害和膜功能丧失。另外，干旱胁迫还使细胞分裂与伸长受抑，光合作用减弱，生长速度大大降低。

用诱抗素、水杨酸等植物生长调节剂处理观赏植物，一方面可启动植物体内的应激反应以提高抵御干旱胁迫的能力，另一方面可通过调节气孔开度，减少蒸腾失水来缓解干旱胁迫。另外，用胺鲜酯、芸薹素内酯等处理可提高干旱胁迫下细胞内活性氧清除系统的活性，从而减轻细胞质膜被过氧化程度，进而提高植株对干旱胁迫的耐受性。例如，圆柏喷施胺鲜酯可显著提高植株体内过氧化物酶与硝酸还原酶活性，增加蛋白质、核酸和叶绿素含量，明显提高圆柏抗旱性。再者，用矮壮素、多效唑、烯效唑等植物生长调节剂处理，可起到促进观赏植物地下部分的生长和有机物质的积累、提高根系活力的作用。例如，用75mg/L诱抗素溶液喷施白三叶植株，可明显减少叶片蒸发量和提高抗旱性；又例如，用5mg/L诱抗素、50mg/L多效唑或10mg/L烯效唑溶液喷施地毯草草坪，均可提高其抗旱性，并明显减轻干旱条件下叶片焦枯程度。

（四）减轻强光日灼伤害

夏季强光照射，一些较为幼嫩的观赏植物或新移植的树木容易遭受日灼危害，前者表现为嫩叶产生日灼斑或花朵的失水萎蔫，后者表现为西南面整齐的新叶灼伤、皮部坏死。在应对强光日灼伤害上，除了遮挡阳光直射花木及在树木上缠上草绳、保温保湿带等物理措施外，还可使用诱抗素等植物生长调节剂处理，可诱导植物抗性基因表达，有效减轻日灼损伤。若进一步结合磷钾肥等合理使用，更有助于植物应对日灼伤害及恢复长势。

第二章 植物生长调节剂在一、二年生草本花卉上的应用

一、二年生草本花卉泛指在当地气候条件下，个体生长发育在一年内或须跨年度完成其生命周期的草本观赏植物。通常包括三大类：一类是一年生花卉，一般在一个生长季内完成其生长史，多在春季播种，夏秋季是主要的观赏期，如鸡冠花、百日草、凤仙花、蒲包花、波斯菊、万寿菊、醉蝶花等；一类是二年生花卉，在两个生长季内完成其生活史，通常在秋季播种，当年只生长营养体，翌年春季为主要观赏期，如紫罗兰、彩叶草、羽衣甘蓝等；还有一类是多年生但作一、二年生栽培的花卉，其个体寿命超过两年，能多次开花结实，但再次开花时往往株型不整齐，开花不繁茂，因此常作一、二年生花卉栽培，如一串红、金鱼草、矮牵牛、瓜叶菊、美女樱等。

一、二年生草本花卉以观花为主，具有种类繁多、色彩纷呈、花期相对集中、栽培管理简易、生育期短、成本低且销量大、能为节日增添气氛等优点，是园林绿化中应用最广泛的植物材料之一。一、二年生草本花卉既可地栽也可盆栽，是花境与草坪中重要的点缀材料。盆栽一、二年生草本花卉更是公园、街头和单位用于节假日（如五一、国庆及春节等）摆花和制作立体花坛的主要花卉类型。另外，一些花梗较长的一、二年生草本花卉也可用作切花观赏。一些流行的一、二年生草本花卉切花（如金鱼草、满天星、紫罗兰等），色彩十分丰富、姿态富于变化，具有很高的观赏价值，且价格较为低廉。一、二年草本花卉的少数种类还可用作垂直绿化材料（如矮牵牛、茑萝等）。

植物生长调节剂在一、二年生草本花卉生产上的应用十分广泛，涉及促进繁殖、调控生长、调节花期、贮运保鲜等各个方面。以下简要介绍植物生长调节剂在一、二年生草本花卉上的部分应用实例。

一、矮牵牛

矮牵牛又称碧冬茄，为茄科碧冬茄属多年生草本，常作一、二年生栽培。矮牵牛栽培品种极多，株型有丛生型、垂吊型，花型有单瓣、重瓣，花色有紫红、鲜红、桃红、纯白、肉色及多种带条纹品种。矮牵牛花朵硕大，花冠漏斗状，花色及花形变化丰富，加之易于栽培、花期长，广泛用于营造花坛、花境，也作盆栽花卉或吊篮、花钵栽培，是目前园林绿化中备受青睐的草花种类之一。

植物生长调节剂在矮牵牛上的主要应用：

1. 促进扦插繁殖

矮牵牛育苗方法主要是播种繁殖，对于一些重瓣或大花品种及品质优异品种，常采用扦插繁殖，以保留优良性状。取当年现蕾盆栽大花类矮牵牛健壮嫩枝，基部平剪，去掉下部叶片，仅留上部2～3片叶，去顶，插穗长约8cm。扦插前将插穗用500mg/L吲哚丁酸溶液或200～500mg/L萘乙酸+250～500mg/L吲哚丁酸的混合溶液快浸3～10s，可促进早生根，且幼苗生长较快。

2. 组织培养

以矮牵牛茎尖作为外植体，分化培养时用1/4 MS+0.5mg/L苄氨基嘌呤+0.02mg/L吲哚丁酸作为培养基，增殖培养时用MS+0.5mg/L苄氨基嘌呤+0.2mg/L吲哚丁酸作为培养基，诱导生根时用1/2 MS+0.5mg/L吲哚丁酸+100mg/L活性炭作为培养基。

3. 控制穴盘苗徒长

穴盘播种育苗是矮牵牛繁殖的主要方式，但在穴盘育苗条件下，特别是在高温高湿的夏季，矮牵牛幼苗容易徒长，从而影响播种苗质量。采用传统的炼苗方法往往不能控制幼苗生长，而使用多效唑、矮壮素等植物生长延缓剂可有效调控播种苗的生长，生产出优质的种苗。例如，在矮牵牛（品种为“幻想”系列粉色品种）2～3片真叶展开期用60mg/L多效唑溶液喷施处理，可有效地控制穴盘苗的生长，并增大根冠比、增加叶绿素含量。另外，在矮牵牛（品种为“Miragemid Blue”）2～3片真叶展开期用20mg/L烯效唑溶液进行灌施处理，可安全有效地抑制矮牵牛穴盘苗的生长高度，使其株型紧凑、叶色加深、根系发达、抗性增强，从而提高穴盘苗质量。

4. 提高植株观赏性

在实际生产中，发枝量多冠幅大、株型整齐、开花整齐的盆栽矮牵牛观赏性更高。为此，在矮牵牛修剪后，茎叶均匀喷雾20～25mg/L苄氨基嘌呤溶液可促发侧芽，使基部芽萌发率提高、发芽及生长整齐、冠幅增大。

在矮牵牛（品种为“梦幻”白色品种）幼苗有2对真叶展开时叶面喷施1次2500mg/L丁酰肼溶液或1500mg/L丁酰肼+0.3%矮壮素的混合溶液，均可抑制矮牵牛植株生长，使其株型紧凑、叶色加深、根系发达、叶片厚实，从而提高观赏质量。另外，在矮牵牛苗高5~6cm时用150mg/L多效唑溶液或500~1000mg/L丁酰肼溶液喷施处理可使茎基部提前分枝、扩大冠幅、降低高度、增加现蕾数和开花朵数、加深叶色、提高观赏性。

5. 促进开花

在盆栽矮牵牛缓苗期过后，用40~80mg/L多效唑溶液浇施处理（每盆浇液约100mL），可使开花部位集中、始花期提前、盛花期延长，还能有效地抑制营养生长、矮化株型，使枝叶紧凑、防止倒伏，显著提高观赏价值。另外，盆栽矮牵牛在修剪后苗高5cm时，用600~1000mg/L丁酰肼溶液叶面喷施，对矮牵牛花期推迟影响不大，但可有效控制株型和使开花整齐（彩图2-1）。再者，在矮牵牛植株刚现花蕾时用500mg/L乙烯利溶液叶面喷洒矮牵牛可使花芽分化延迟，用药后20天后方有花芽孕育。

二、 百日草

百日草又名百日菊、步步高、火球花、状元红，为菊科百日菊属一年生草本，其茎直立，花大艳丽，花期长，株型美观，被广泛应用于花坛、花境、花带等景观，是城市园林绿化的常用草本花卉。一些矮生品种盆栽，也是很受欢迎的年宵花。

植物生长调节剂在百日草上的主要应用：

1. 控制穴盘苗株型和提高抗热性

百日草喜温暖，生长适温为20~25℃，但不耐酷暑，当气温高于35℃时，易徒长、倒伏，叶色变淡，影响穴盘苗质量。在百日草穴盘苗长到3~4叶期时，用30mg/L烯效唑溶液连续2天根灌处理，每天1次，每株每次灌施约7mL，可减轻百日草穴盘苗高温胁迫下的徒长变细，并减缓高温对植株的伤害作用。另外，在百日草（品种为“芳菲1号”）长至3~4叶的穴盘苗移入营养钵7天后用60mg/L水杨酸溶液叶面喷施处理，可增强百日草的根系活力及耐高温能力。在百日草的工厂化生产及露地栽培中，用2~5mg/L诱抗素溶液叶面喷雾可增加百日草在夏季的耐高温能力。

2. 提高盆栽植株观赏性

在盆栽百日草第1次摘心后，待腋芽长至3cm时开始喷施0.25%~0.5%丁酰肼溶液，每7天喷施1次，共喷3次，可有效地控制植株高度，使株型紧凑、整齐，同时还能增加植株的花朵数，适当延迟花期，调剂市场。另外，多效唑或烯效唑处理配合摘心处理也可有效降低盆栽百日草株高、减小株幅，并增加盛花期花朵数量和花径大小、延缓始花期，明显改善其观赏性状。具体做法是：在百日草主茎3对真叶完全展开时进行摘心，并在大多数侧枝具3对真叶时叶面喷施25~150mg/L多效唑溶液连续2次，间隔7天，每次喷至植株叶面滴水为止。百日草

（品种为"梦境"系列）苗长至4～6片叶时，以100mg/L赤霉酸喷施处理，间隔10天喷施1次，共喷施2次，可使百日草开花提前、延长花期；以0.02mg/L芸薹素内酯喷施处理可推迟百日草开花。

三、波斯菊

波斯菊又名秋英、秋樱、八瓣梅、扫帚梅、大波斯菊，为菊科秋英属一年生草本花卉，花色丰富艳丽，有白、粉、粉红、红、深红、玫瑰红、紫红、蓝紫等各色品种，加之花期长、易种植，常作为花坛、花境、花群或在草地边缘、树丛周围及路旁成片栽植作背景材料，也可以作为切花材料。

植物生长调节剂在波斯菊上的主要应用：

1. 防止种苗徒长、倒伏

在波斯菊种苗生产过程中常出现枝叶徒长现象，为此常使用植物生长延缓剂防止种苗徒长、倒伏。例如，用667mg/L多效唑溶液在波斯菊（品种为"奏鸣曲"混色）播种前浸种处理2h，种苗整齐度高、矮化效果明显。另外，分别在波斯菊两叶一心、四叶一心和六叶一心期用400mg/L矮壮素或3000mg/L丁酰肼溶液共喷施3次，可对波斯菊的株高、茎粗和节间实现有效控制，抑制穴盘幼苗徒长，使其株型紧凑，抗性增强，从而达到提高穴盘苗的质量，发挥培育壮苗的明显作用。

2. 控制盆栽植株高度

盆栽波斯菊因株型相对较高、稀疏，分枝较多，茎秆较弱，故容易出现倒伏而降低其观赏价值。为此可在盆栽波斯菊摘心后，用5000mg/L丁酰肼溶液喷洒叶片，每10～14天1次，连续喷至现蕾为止，可明显降低株高，提高观赏价值。另外，在花海用的波斯菊株高10～15cm时，用125～150mg/L多效唑或50mg/L烯效唑溶液喷洒叶片1～2次，可使植株矮壮，增加茎粗，加深叶色，增加抗倒伏性。

3. 促进侧芽萌发及花芽分化

在波斯菊株高5～10cm时，用20～25mg/L苄氨基嘌呤溶液喷施处理，可促进侧芽萌发。另外，在波斯菊花苞初显期使用20～25mg/L苄氨基嘌呤溶液喷施1～2次，既可增加花芽数量，还可增大花苞。

4. 提高露地抗高温、抗干旱能力

露地应用（包括城市园林、花海、景区应用）的波斯菊，在夏季高温天气容易遭受强光日灼以及水分过度蒸腾后的干旱胁迫，叶面喷雾2～5mg/L诱抗素溶液，可增加波斯菊耐高温和耐干旱的能力。

5. 切花保鲜

波斯菊株型洒脱，花色鲜艳，茎纤细而直立，是自然式插花创作的理想花材，但由于其茎秆过于纤细，室内观赏期较短，为提高波斯菊室内观赏价值，用2%蔗糖+0.2g/L 8-羟基喹啉+0.1g/L异抗坏血酸+0.2g/L矮壮素作为瓶插保鲜液可增加花径和鲜重，并延长观赏期。

四、 彩叶草

彩叶草也称五彩苏、五色草、洋紫苏、锦紫苏，是唇形科鞘蕊花属多年生草本植物或亚灌木，在我国大多数地区不能露地越冬，常作一、二年生栽培。彩叶草品种繁多，以叶色、叶形、叶面图案都富有特点的杂种彩叶草为主。彩叶草的叶面色彩斑斓，以绿或紫红为基色，缀以或黄、或红、或橙、或紫等多种斑纹，或多色同在，色彩对比鲜明，加之具有生长快、观赏期长、易管理等特点，在城市园林绿化中有着十分广泛的应用，是优良的花坛、室内盆栽与地栽花卉，主要用于夏秋季节专用盆栽或地栽花坛布置，同时也用作切花或配置花篮。

植物生长调节剂在彩叶草上的主要应用：

1. 促进水培扦插繁殖

彩叶草水培扦插繁殖可缩短其育苗时间和生产周期，短时间内为生产提供大量的幼苗，且降低育苗成本。具体做法是：选取彩叶草约长 10cm 的枝条，基部仅留 2 节对生叶片，将上部剪下（剪口要平滑），基部斜剪。将剪好的插穗用 0.1% 高锰酸钾溶液消毒 30min，取出后用清水冲洗干净，在清水中培养 3 天后置于 20mg/L 萘乙酸溶液浸泡插穗基部 2h，然后用清水培养，可明显促进插穗生根，缩短生根时间和加速幼苗生长。

2. 控制盆栽植株高度

用 500mg/L 矮壮素溶液喷洒彩叶草植株，可使分枝增多，效果与摘心一样。另外，盆栽彩叶草摘心后，当侧枝展开 1～2 对新叶时，用 5000mg/L 丁酰肼溶液喷洒，每 7～10 天 1 次，共喷 3～4 次，可降低株高，使株型紧凑，提高观赏价值。

五、 翠菊

翠菊别名八月菊、江西腊等，为菊科翠菊属一、二年生草本。翠菊头状花序单生枝顶，花形、花色丰富多彩，且花枝坚挺，观赏价值高，是目前在国际、国内主要的盆栽花卉和装饰植物之一。目前，翠菊的矮生品种经常用来布置花坛、花境或做观赏盆栽，一些高秆品种则可用于切花生产。

植物生长调节剂在翠菊上的主要应用：

1. 促进扦插繁殖

翠菊可以通过扦插的方式进行繁殖。在翠菊嫩枝扦插时，用 500mg/L 萘乙酸溶液或者 250～500mg/L 吲哚丁酸溶液快浸处理插穗可促进生根和根系生长。另外，使用 250mg/L 吲哚丁酸 +250mg/L 萘乙酸的混合溶液速浸处理，也有很明显的促根作用。

2. 控制盆栽植株高度

在盆栽翠菊生长期，用 50～100mg/L 多效唑溶液喷施处理，使植株矮化，观赏性增加。另外，用 3000mg/L 丁酰肼溶液处理也能有效地控制翠菊的株高。

3. 提高切花茎秆长度

用作切花的翠菊需适当地增加茎秆高度。当植株开始现蕾时，将100mg/L赤霉酸溶液均匀地喷洒在中上部茎秆上，可提高切花茎秆长度。

4. 切花保鲜

对于翠菊切花的瓶插保鲜，可将切花插于含6%蔗糖+250mg/L 8-羟基喹啉柠檬酸盐+70mg/L矮壮素+50mg/L硝酸银的保鲜液中。

六、凤仙花

凤仙花又名指甲花、女儿花、金凤花等，为凤仙花科凤仙花属一年生草本。凤仙花如鹤顶、似彩凤，姿态优美，妩媚悦人。凤仙花因其花色、品种极为丰富，花形奇特美丽，是美化花坛、花境的常用材料，可丛植、群植和盆栽观赏。

植物生长调节剂在凤仙花上的主要应用：

1. 促进种子萌发

凤仙花目前的繁殖方式以播种居多。用150~200mg/L赤霉酸或100~300mg/L萘乙酸溶液浸泡凤仙花种子1~2天可促进萌发，并加快根的生长。

2. 延缓生长，控制株型

凤仙花在普通栽培条件下，常出现株高茎瘦、花叶稀疏、脱脚等现象，容易倒伏，影响观赏价值。为此，从凤仙花定植后的第10天起，用1000mg/L矮壮素溶液叶面喷施植株，每隔10天喷1次，共喷施4次，可使植株矮化、株型紧凑、生长茁壮，观赏价值明显提高。

3. 进侧芽萌发，增加冠幅

在凤仙花盆花生产时，若发芽量少，则冠幅瘦小，观赏性较差。在凤仙花修剪后叶面均匀喷雾20~25mg/L苄氨基嘌呤溶液，可促进侧芽萌发，提高基部芽萌发率，并使发芽及生长齐整，冠幅增大。不过，发芽后要配合养分的补充，避免出现回芽现象。

七、瓜叶菊

瓜叶菊又名千日莲、瓜叶莲、瓜子菊等，为菊科千里光属多年生草本，常作一、二年生栽培。瓜叶菊园艺品种繁多，根据其高度可分为高生种和矮生种，根据花瓣又可分为单瓣和重瓣两种。瓜叶菊叶片宽大，叶面翠绿，背面紫红，花朵密集地长在枝的顶部，整齐饱满，颜色鲜艳，色彩丰富，有白色、粉色、蓝色、紫色等多种颜色，花形秀丽典雅，花姿雍容华贵，花期持久（每年的12月至翌年的4月），是冬、春时节主要的观花植物，也被广泛用于室内、街头、广场摆花及绿地种植。

植物生长调节剂在瓜叶菊上的主要应用：

1. 控制盆栽植株高度

瓜叶菊常规盆栽植株茎叶易徒长、花莛易倒伏，从而降低观赏价值。为此，可从幼苗定植成活1个月后，每隔10天，喷施1次500mg/L多效唑或50mg/L烯效唑溶液，共喷施3次，可使瓜叶菊株型紧凑、生长健壮，花期延长3~5天，观赏价值显著提高。另外，用稀释3000倍丁酰肼溶液或稀释2000倍矮壮素溶液浇灌根部，半月浇1次，现蕾后停用，可使植株矮化粗壮，花期整齐。

2. 提高切花茎秆长度

对用作切花的瓜叶菊，为使花序达到一定高度，当花序基部的花蕾开始透色时，用100mg/L赤霉酸溶液涂抹在总花序梗上，每隔5~6天涂抹1次，一直到花序达到要求为止。

3. 调控开花

在瓜叶菊实生苗刚现蕾时，每隔10天喷施1次100mg/L或150mg/L赤霉酸溶液，连续喷施至开花，共计4次，可使植株开花更早、花期更长及花数更多，而且整体观赏效果较为理想。另外，在瓜叶菊花蕾直径4~5mm时或显色时喷200mg/L乙烯利溶液均可显著推迟开花期。

4. 提高抗寒、抗旱能力

在瓜叶菊露地栽培（比如应用于园林花坛、花境）时，易遭遇各种不利的气候环境。为此，叶面喷雾5~10mg/L诱抗素可增强植物应对寒冷等环境胁迫的能力。另外，叶面喷雾2.5mg/L诱抗素溶液可减少叶面水分蒸发，增强植物抗干旱能力。

八、 金鱼草

金鱼草又名龙头花、龙口花、洋彩雀等，是玄参科金鱼草属多年生草本，常作一、二年生花卉栽培。金鱼草花朵大而多，花色丰富且艳丽，花形奇特，花期长，并具有地被、盆花、垂吊和切花等多种类型的栽培品种。矮生和超矮生品种主要用于盆花栽培，点缀窗台、阳台和门庭，或成片摆放于城市公园、广场、街道花坛；高型品种和中型品种，主要布置于花境和建筑物旁，或用作切花材料制作花篮或瓶插观赏。

植物生长调节剂在金鱼草上的主要应用：

1. 促进种子萌发和齐苗壮苗

金鱼草目前主要采用播种繁殖，然而易出现出苗不齐、长势缓慢等现象。为此，可在播种前用60~140mg/L水杨酸溶液在常温下（26℃左右）浸泡金鱼草种子20min，可提高种子的发芽率和发芽势，并显著降低植株高度。另外，用100mg/L赤霉酸溶液浸种12h，也可促进种子萌发和幼苗生长。再者，用25mg/L苄氨基嘌呤或100mg/L赤霉酸溶液叶面喷施幼苗植株（每3天处理1次，连续3次），能有效促进金鱼草植株的生长。

2. 促进扦插繁殖

金鱼草种子极小，在生产中易出现撒播不易掌握均匀度、出苗不整齐等问题。

为此，也可于春、秋两季进行金鱼草扦插繁殖。春插取材于打尖后萌发的大量侧枝，秋插取材于露地植株的未开花枝条。扦插前用500mg/L吲哚丁酸或1000mg/L萘乙酸溶液速蘸30s，显著促进生根。

3. 组织培养

以金鱼草茎尖为外植体，接种于MS+0.6mg/L苄氨基嘌呤+0.1mg/L萘乙酸的培养基上进行芽的诱导，约15天便可诱导出大量的丛生芽，一般20~25天可为一个增殖周期，待增殖达到一定数量时，再将其茎尖转接到1/2MS+0.5mg/L萘乙酸+0.1mg/L吲哚丁酸的生根培养基上进行生根培养，约10天便可开始生根。另外，以金鱼草叶为外植体，叶片愈伤的增殖与分化以MS+2.0mg/L苄氨基嘌呤+0.2mg/L萘乙酸效果较佳，低浓度的生长调节剂MS+1.0mg/L苄氨基嘌呤+0.1mg/L萘乙酸有利于芽的增殖，生根培养基1/2MS+0.05mg/L萘乙酸+0.05mg/L吲哚丁酸或1/2MS+0.02mg/L萘乙酸可实现100%生根。

4. 控制盆栽植株高度

为防止盆栽金鱼草小苗徒长，移栽后，选择生长一致、株高6~10cm的植株，用5000mg/L丁酰肼溶液喷洒植株，每10天1次，共喷2~3次，至现蕾止，可明显提高观赏价值。另外，用50~500mg/L多效唑溶液叶面喷施金鱼草幼苗，10~15天后再喷1次，也可使植株低矮、粗壮，株型紧凑，叶色加深，叶片加厚，提高观赏价值。

5. 提高切花茎秆长度

在金鱼草切花生长初期，用50~100mg/L赤霉酸溶液喷洒叶面，可促进植株茎秆增长。另外，在抽花序前用50mg/L赤霉酸溶液喷施4次生长点，也可使茎秆长度增加。

6. 促进开花和防止落花

在金鱼草3~7片真叶时，喷施50mg/L多效唑溶液，可显著增加花序数和每支花序上着生的小花数目，并使花期提前。另外，在金鱼草蕾期用10~30mg/L二氯苯氧乙酸溶液喷洒植株叶片，可防止落蕾落花。

7. 切花保鲜

金鱼草切花的瓶插保鲜可用1mmol/L硫代硫酸银预处理20min后再插于含1.5%蔗糖+300mg/L 8-羟基喹啉柠檬酸盐+10mg/L丁酰肼的保鲜液中。

九、 金盏菊

金盏菊别名金盏花、黄金盏、灯盏花等，是菊科金盏菊属一、二年生草本。金盏菊花朵密集，花色鲜艳夺目，开花早，花期长，是早春常见的草本花卉，可以直接栽植于花坛、花境，也可以将盆栽布置在广场、公园、会议场所等，另外还可用作切花观赏。

植物生长调节剂在金盏菊上的主要应用：

1. 控制盆栽植株高度

在盆栽金盏菊播种后 4 ~5 周和显芽阶段用 1000mg/L 丁酰肼溶液 2 次喷施植株，可通过降低花梗和节间长度而获得理想的高度，而对开花时间则有明显影响。

2. 调控开花

待盆栽金盏菊长至 6cm 左右高时，用 100mg/L 赤霉酸溶液喷施全株，每隔 15 天喷施 1 次，共 3 次，可使金盏菊花期提前 18 天，并可促进茎叶伸长。反之，若用 100mg/L 多效唑溶液喷施，则可使金盏菊推迟 20 天开花。

3. 切花保鲜

对于金盏菊切花的瓶插保鲜，可将切花插于含 2% 蔗糖 +200mg/L 8-羟基喹啉 +100mg/L 柠檬酸 +10mg/L 苄氨基嘌呤的保鲜液中。

4. 减轻冻害

地栽金盏菊在冬季气温过低时，不但生长缓慢，叶片和花朵也容易遭受冻害损伤，表现出叶片边缘的变色、坏死。为此，除了增施高磷钾肥外，使用 5 ~10mg/L 诱抗素溶液叶面喷雾 1 ~2 次，能在一定程度上缓解减轻冻害。

十、 孔雀草

孔雀草，又名孔雀菊、老来红，为菊科万寿菊属一年生草本。孔雀草花色鲜艳丰富，有红褐、黄褐、淡黄、紫红色斑点等，花形与万寿菊相似，但较小朵而繁多，具有很强的观赏性，且观赏期长，常用来作为道路两旁的观景及节假日花坛、花境及室内环境布置。

植物生长调节剂在孔雀草上的主要应用：

1. 控制穴盘苗徒长

孔雀草穴盘育苗因夏季温度和湿度过高等原因易发生徒长，使穴盘苗质量降低。采用 10 ~30mg/L 多效唑溶液在孔雀草种子萌发前或者其子叶期、一对真叶期、二对真叶期对穴盘苗进行喷施处理，均可安全有效地降低穴盘苗高度，提高花卉种苗的质量及抗逆性，其中以萌发前喷施 30mg/L 多效唑溶液处理效果最佳。

2. 提高盆栽植株观赏性

在盆栽孔雀草 5 片真叶时用 200 ~500mg/L 多效唑或 500 ~1000mg/L 矮壮素溶液叶面喷洒，7 天喷施 1 次，连续喷 4 次，可使植株矮化、节间缩短、茎加粗、叶色加深、花期和总生育期延长，并提高观赏价值和延长观赏时间，效果优于摘心。

十一、 满天星

满天星又名锥花丝石竹、霞草，为石竹科丝石竹属植物多年生草本，但常作一年生栽培。其茎枝纤细，分枝繁茂，花丛蓬松而轻盈，姿态雅致，富有立体感，主要作切花衬花，能与月季、香石竹、菊花、非洲菊等多种切花配饰观赏，享有插花“伴娘”之美誉，是切花生产中的大宗商品。

植物生长调节剂在满天星上的主要应用：

1. 组织培养

以满天星茎尖为外植体，在 MS +0.5mg/L 苄氨基嘌呤 +0.5mg/L 吲哚乙酸 +1.0mg/L 多效唑上分化增殖，多效唑对茎尖外植体不定芽分化有明显的增殖作用，同时抑制试管苗玻璃化。在诱导生根时，用 MS +0.4mg/L 萘乙酸 +0.1mg/L 多效唑或 MS +4.0mg/L 吲哚乙酸 +0.1mg/L 多效唑作为生根培养基，诱导生根率在95%以上。

2. 促进种子萌发

用0.5mg/L 苄氨基嘌呤溶液浸泡满天星（品种为“胭脂红”）种子12h，可促进萌发和提高出苗整齐度。

3. 促进扦插生根

重瓣类满天星常采用扦插繁殖获取大量幼苗，扦插苗比播种苗生长快、开花时间早，繁殖容易，繁殖量大，能保持原品种特性，但根系生长较慢。于4～7月，剪取长5～10cm、含4～5节的枝条作插穗，去掉下部2节上的叶片，并用30～50mg/L 吲哚丁酸溶液处理，可促进生根。另外，用100mg/L 吲哚丁酸溶液浸插穗3h，或用2000mg/L 吲哚丁酸溶液快蘸20s，也可促进插穗生根。

4. 促进水培生根

将通过组培增殖得到的满天星丛生苗切成单株（株高约2cm），用含5mg/L 吲哚丁酸的营养液进行瓶外水培，可促进生根和幼苗生长，并有利于移栽成活和适应满天星的规模化生产。

5. 防止莲座化生长

在短日照、弱光照非诱导条件下，满天星常出现莲座态生长现象，许多节间未伸长的侧枝集中在很短的主枝上。新梢一旦呈莲座态，就难以抽薹开花。在满天星促成栽培时，可将即要进入莲座化的株苗在栽种到15℃和长日照条件中的同时，喷施300mg/L 苄氨基嘌呤或赤霉酸与苄氨基嘌呤的复配溶液，可防止莲座化而继续保持生长状态，从而提早开花。如果处理前先给一段时期低温，再喷施300mg/L 苄氨基嘌呤或赤霉酸溶液处理效果更好。

6. 促进开花

用赤霉酸处理可使满天星提前开花。具体做法是：选择生长状态良好，生育期在75天以上的植株，以200～300mg/L 赤霉酸溶液叶面喷施，每隔3天喷一次，连续喷3次。注意一般夏季花应掌握在2月底左右喷施，冬季花要求在10月中旬喷施。

7. 切花保鲜

满天星切花花朵繁多，采后贮运中易于失水并导致小花蕾瓶插中不能开放，且观赏期较短。用20nL/L 1-甲基环丙烯密闭处理6h后再瓶插，可促进小花开放，并显著延长观赏寿命。

十二、美女樱

美女樱又名草五色梅、铺地马鞭草、铺地锦、美人樱，为马鞭草科马鞭草属多年生宿根草本，但因宿根在北方不能露地越冬，通常均作一、二年生栽培。美女樱常见的品种有细叶美女樱（又名裂叶美女樱）、羽裂美女樱和杂交种美女樱等。其株型优美，花色鲜艳繁多，花形丰富，具有很高的观赏价值，被广泛用于盆栽观赏、吊盆装饰和布置花坛、花境。

植物生长调节剂在美女樱上的主要应用：

1. 促进种子萌发和幼苗生长

美女樱的繁殖方式主要靠播种，但由于美女樱种子发芽缓慢，出芽不齐，萌发率低，严重影响其商业化生产。为此，可用10mg/L苄氨基嘌呤或300mg/L赤霉酸溶液浸种46h，可提高发芽率，并促进幼苗生长。另外，用150mg/L乙烯利溶液浸种48h，也可显著促进种子萌发和幼苗生长。

2. 促进穴盘苗健壮生长

美女樱在穴盘育苗过程中，幼苗常出现细弱、健壮性差的情况。在美女樱（“cooler”系列红色品种）3～4片真叶展开时，对穴盘苗每穴一次性灌施20mg/L烯效唑溶液（施用量约7mL），同时叶面喷施50mg/L水杨酸溶液，可降低幼苗高度，并增加茎粗和根冠比，使其生长健壮。

十三、蒲包花

蒲包花又名荷包花，亦称拖鞋花，为玄参科蒲包花属多年生草本花卉，在园林上多作一、二年生栽培。蒲包花株型丰满，叶色鲜绿敦厚，花形奇特，色彩艳丽，花期长，是点缀厅堂、几案陈设、美化居室的首选花卉之一，深受人们的喜爱。另外，蒲包花一般在冬、春季节开花，是圣诞、元旦和春节花卉市场的主打盆花之一。

植物生长调节剂在蒲包花上的主要应用：

1. 组织培养

以蒲包花当年生新发幼芽为外植体，诱导芽阶段以MS+2.0mg/L苄氨基嘌呤+0.2mg/L吲哚丁酸效果较好；丛生芽增殖阶段以MS+2.0mg/L苄氨基嘌呤+0.1mg/L萘乙酸较好；1/2MS+1mg/L吲哚丁酸有较好的生根效果。

2. 控制盆栽植株高度

在盆栽蒲包花花芽初露时，用400mg/L矮壮素溶液喷施叶面或浇灌根部1次，间隔2周后再处理1次，或者仅用800mg/L矮壮素溶液喷施或浇灌1次，均可有效控制株高和改善株型，提高观赏性。

3. 促进开花

当盆栽蒲包花的花序完全长出后，用20～50mg/L赤霉酸溶液涂抹在花梗上，每4～5天涂1次，共处理2～3次，可促进开花。

十四、 三色堇

三色堇别名猫儿脸、蝴蝶花等，为堇菜科堇菜属多年生草本，常作二年生花卉栽培。三色堇花形奇特美观，花色丰富多彩，开花早，花期长，适应性强，园林上常用作花坛、花境或镶边材料，也可作盆花栽培，是当前我国优良的重要花坛绿化草花。另外，三色堇较耐低温，可耐－15℃低温，在昼温15～25℃、夜温3～5℃条件下植株发育良好，因此也是我国冬、春季节不可多得的优良草花。

植物生长调节剂在三色堇上的主要应用：

1. 控制植株株型

三色堇植株茎生长快，并常倾卧地面，单纯依靠人工修剪并不能完全避免此现象，且需要投入较多人力和物力，为此可用植物生长调节剂来控制植株株型。例如，在三色堇穴盘育苗子叶展开前用4mg/L醇草啶、400mg/L矮壮素、1.5mg/L多效唑或1.0mg/L烯效唑溶液喷洒，2周后可再喷1次，可有效控制植株高度、缩短节间长度、增加茎秆粗度，明显改善株型。

2. 花期调控

待盆栽三色堇长出4片真叶时，用100mg/L赤霉酸溶液喷施全株，每隔15天喷施1次，共3次，可使花期提前12天；若用100mg/L多效唑溶液喷施全株，每隔15天喷施1次，共3次，则可使三色堇推迟18天开花。

十五、 四季秋海棠

四季秋海棠又名四季海棠、瓜子海棠、玻璃海棠，为秋海棠科秋海棠属多年生常绿宿根草本，目前市场上常作一、二年生栽培。四季秋海棠株型圆整，姿态优美，叶色娇嫩光亮，花朵成簇，四季开放，且稍带清香，为室内外装饰的主要盆花之一。四季秋海棠在园林上应用十分广泛，除盆栽观赏以外，还可作花坛、吊盆、栽植槽、窗箱和室内布置的材料。

植物生长调节剂在四季秋海棠上的主要应用：

1. 促进穴盘苗生长

四季秋海棠穴盘苗在生长过程中，易于出现植株生长缓慢，叶片皱缩不舒展，严重时叶柄下垂，影响幼苗生长，以致延缓出圃时间。为此，可对播种45天的穴盘苗喷施20～40mg/L赤霉酸溶液，有助于幼苗健康生长，表现为叶片正常生长、侧枝数增加、株高增加又不显徒长。

2. 组织培养

以四季秋海棠（品种为“枫叶秋海棠”）的叶片为外植体，愈伤组织诱导培养基为MS＋0.2mg/L苄氨基嘌呤＋0.5mg/L吲哚乙酸，丛生芽诱导培养基为MS＋

0.5mg/L 苄氨基嘌呤 +0.2mg/L 吲哚乙酸，生根培养基为 1/2MS +0.2 ~0.4mg/L 萘乙酸。

3. 促进扦插生根

在扦插四季秋海棠繁殖过程中，易出现生根率低、生根慢等问题。为此，扦插时挑选节间短、芽壮枝粗、带有 2 ~3 个侧芽并带顶芽的嫩枝，剪成长约 7 ~8cm 的插穗，将插穗切口剪平，摘去基部 1 ~2 片叶，并去掉顶部已开放的花，每枝插穗留下 3 ~4 片叶，并在扦插前用 50mg/L 吲哚丁酸或 30mg/L 吲哚乙酸溶液浸渍插穗基部约 1min，可显著促进生根和提高成活率。

4. 促进侧芽萌发，增加冠幅

株型紧凑、发枝量大、冠幅大的盆栽四季秋海棠往往市场适销性好。四季海棠自然萌芽力本身较强，但用 20 ~40mg/L 苄氨基嘌呤或 30 ~36mg/L 苄氨基嘌呤 + 赤霉酸$_{4+7}$溶液喷施处理，既能促发侧芽，还能促进植株生长，扩大冠幅，促进花芽分化等（彩图 2-2）。

5. 控制植株株型

穴盘苗 3 ~4 片真叶期（此时种苗根系成团、穴孔下可看到白根伸出）是防止徒长的关键阶段，可用 50% 矮壮素水剂稀释 2500 倍液灌根或叶面喷施，每 15 天灌 1 次，现蕾后停用，可使植株矮化粗壮，花株整齐，明显提高株型质量。另外，在四季秋海棠幼苗形成 4 片真叶后，用 500 ~1000mg/L 矮壮素溶液叶面喷施，也可以矮化植株。

十六、 万寿菊

万寿菊又名金菊花、蜂窝菊、臭芙蓉等，为菊科万寿菊属一年生草本花卉。万寿菊株型紧凑，花大且繁多，花形繁盈，花色鲜艳，花期又长，适应性强，栽培管理容易，是一种园林绿化美化的优良花卉，可作花坛、花境、花池和草坪边缘的美化材料，也可盆栽和作切花观赏。

植物生长调节剂在万寿菊上的主要应用：

1. 培育穴盘苗壮苗

在万寿菊穴盘苗 2 对真叶展开时用 100 ~300mg/L 矮壮素或 10 ~60mg/L 多效唑溶液进行喷施处理，共喷施 1 次，可安全有效地控制万寿菊穴盘苗的生长高度，使株型紧凑、叶色加深、根系发达、叶片厚实，从而提高穴盘苗质量，且浓度越高，效果越明显。另外，待万寿菊穴盘苗长至 2 ~3 片真叶展开时用 10 ~20mg/L 烯效唑溶液灌施（每穴施用量为 7mL），也可明显提高穴盘苗质量。再者，在穴盘苗（“发现”系列黄色品种）3 ~4 片真叶展开时一次性灌施 10mg/L 烯效唑溶液（每穴施用量 7mL），同时叶面喷施 100mg/L 水杨酸溶液（以叶片滴水为度），培育的穴盘苗质量更好，可显著降低万寿菊穴盘苗株高、冠幅，并提高茎粗及根冠比，为万寿菊后期的生长发育打下良好的基础。

2. 提高盆栽植株观赏性

夏季高温往往使万寿菊植株生长衰弱，茎秆增高，株型松散，花朵小而少，使其观赏价值大大降低。万寿菊幼苗上盆后，用2.5～10mg/L烯效唑或多效唑溶液进行灌根处理，均可明显缩短节间距离，抑制株高，使叶片变绿变厚，增加花朵数，从而提高观赏价值。另外，用0.3%～0.5%丁酰肼溶液叶面喷施处理后，万寿菊植株明显缩短，观赏价值明显提高。

3. 开花调控

在万寿菊（品种为“安提瓜”）幼苗上盆3～4天后，用375mg/L赤霉酸溶液喷施，直至现蕾前，每3天喷施1次，可使花朵数多、开花整齐一致，且花期提早4天。另外，在万寿菊（“奇迹”黄色品种）幼苗长到6～7片真叶时喷施800mg/L多效唑溶液，喷药间隔期为1周，连喷3次，除了使株高变矮外，还可使花径变大、开花率增加、开花时间延迟5天左右。

十七、香石竹

香石竹又名康乃馨、麝香石竹，是石竹科石竹属多年生常绿宿根草本，但切花生产中常作一、二年生栽培。香石竹品种及花色极为丰富，茎叶清秀，花朵绮丽、高雅，观赏期长，周年均可生产，为世界四大切花之一，也是著名的“母亲节”之花。除了用作切花外，还可用于盆栽和地栽观赏。

植物生长调节剂在香石竹上的主要应用：

1. 组织培养

以香石竹茎尖为外植体，在MS+0.5mg/L苄氨基嘌呤+1.0mg/L吲哚乙酸的培养基上诱导分化，分化系数高，并有利于以后的继代培养。在分化继代培养时，改用MS+0.3mg/L苄氨基嘌呤+0.2mg/L萘乙酸或MS+0.3mg/L苄氨基嘌呤+1.0mg/L吲哚乙酸作为培养基。在诱导生根时，用MS+1.0mg/L吲哚丁酸+0.01mg/L萘乙酸作为生根培养基，诱导生根率达95%。

2. 促进扦插生根

香石竹生产用种苗通常采用扦插繁殖，除炎热的夏季外其他时间一般均可进行。插穗宜选留种母株中部粗壮的、节间在1cm左右的侧枝，用手将其掰下，使基部主干略带一些皮层，以利扦插成活。插前将插穗基部在150mg/L吲哚丁酸或100mg/L萘乙酸溶液中浸泡2min，可促进生根。将香石竹（品种为“马斯特”）插穗留四叶一心，用75mg/L或150mg/L萘乙酸溶液浸泡插穗基部10min，可促进插穗生根，并增加根重与根长，明显改善种苗质量。另外，用250～500mg/L吲哚乙酸+250～500mg/L萘乙酸混合溶液喷洒或快浸插穗基部，促进生根的效果明显（彩图2-3）。再者，将香石竹（品种为“马斯特”）插穗基部在2000mg/L萘乙酸溶液中快蘸处理，也可有效提高生根率和成苗率。

3. 促发侧芽，增大冠幅

在切花香石竹打顶后，用50mg/L苄氨基嘌呤喷施植株可促发侧芽生长，增大冠幅（彩图 2-4）。

4. 切花花枝长度的调控

不同品种香石竹切花的花梗长度差异较大，对一些花梗过长的品种，若不控旺，则容易倒伏。为此，可用多效唑、烯效唑、丁酰肼等进行控旺。例如，用 12.5mg/L 烯效唑溶液喷施香石竹（“粉砖”品种）进行矮化控旺处理，可使枝条矮壮，不易倒伏，且叶色浓绿（彩图 2-5）。

5. 使花苞膨大，提高切花观赏品质

香石竹作切花栽培时，花苞大小影响花卉品质分级，在花苞较小时，使用 50 ~ 75mg/L 赤霉酸溶液喷施 1 ~ 2 次，可使花苞增大、齐整，花梗粗壮（彩图 2-6）。

6. 提高盆栽植株观赏性

盆栽香石竹为近年比较流行的盆花品种之一，从春节到“五一”，盆栽香石竹市场需求量较大。用 0.2% 丁酰肼溶液叶面喷施或根基浇施盆栽香石竹，隔 2 天处理 1 次，连续进行 3 次，可植株生长高度有所降低，且提早开花，有效提高盆栽香石竹观赏性。另外，用 50mg/L 多效唑溶液喷施盆栽香石竹也可降低其植株高度，改善观赏效果，且花期提前。

7. 切花保鲜

在香石竹切花的瓶插保鲜液中往往添加不同浓度的苄氨基嘌呤或水杨酸，如：3% 蔗糖 + 200mg/L 8-羟基喹啉 + 200mg/L 柠檬酸 + 50mg/L 苄氨基嘌呤、5% 蔗糖 + 200mg/L 硝酸银 + 30mg/L 苄氨基嘌呤、4% 蔗糖 + 200mg/L 8-羟基喹啉、5% 蔗糖 + 250mg/L 硝酸银 + 50mg/L 苄氨基嘌呤、3% 蔗糖 + 150mg/L 8-羟基喹啉 + 250mg/L 柠檬酸 + 25mg/L 水杨酸等。另外，用 50mg/L 1-甲基环丙烯-β-环糊精溶液在密闭体系中处理 8h，可使香石竹切花瓶插时间延长、花枝硬挺、观赏品质提高。蕾期采切的香石竹切花可通过 5% 蔗糖 + 200mg/L 8-羟基喹啉柠檬酸盐 + 20 ~ 50mg/L 苄氨基嘌呤等催花液处理，使花蕾快速绽开，以便能适时出售。

十八、 香豌豆

香豌豆别名花豌豆、麝香豌豆、香豆花，为蝶形花科香豌豆属一、二年生蔓性攀缘草本。香豌豆作为冬、春季优良切花，花姿优雅，色彩艳丽，轻盈别致，芳香馥郁，可广泛用于插花、花篮、花束、餐桌装饰等。另外，香豌豆在园林绿化中应用广泛，可用于花坛、花篱，也可盆栽和花钵栽培观赏。

植物生长调节剂在香豌豆上的主要应用：

1. 促进种子萌发和幼苗生长

用 20mg/L 苄氨基嘌呤、200mg/L 赤霉酸或 15mg/L 萘乙酸等溶液浸种 7h 可提高香豌豆种子的发芽率，缩短发芽的时间，并促进幼苗生长。另外，用 10 ~ 100mg/L 赤霉酸溶液喷施香豌豆幼苗生长点，可显著促进株高增加。

2. 防止花朵脱落

用 50mg/L 萘乙酸溶液在盆栽香豌豆蕾期喷离层部位，可防止落花，延长观花期。

3. 切花保鲜

对香豌豆切花的瓶插保鲜，可将切花插入含5%蔗糖+300mg/L 8-羟基喹啉柠檬酸盐+50mg/L矮壮素等瓶插液中。

十九、洋桔梗

洋桔梗又称草原龙胆、土耳其桔梗，属于龙胆科草原龙胆属多年生宿根草本，生产上常作一、二年生栽培。洋桔梗株态轻盈潇洒，花色典雅明快，花形别致可爱，有“无刺玫瑰”的美誉，是目前国际上十分流行的盆花种类之一，并已跻身世界十大切花之列。

植物生长调节剂在洋桔梗上的主要应用：

1. 组织培养

洋桔梗的组织培养可以叶片为外植体，不定芽培养基为MS+苄氨基嘌呤1.0mg/L，增殖培养基为MS+苄氨基嘌呤0.1mg/L+萘乙酸0.05mg/L，生根培养基为MS+萘乙酸1.0mg/L。另外，也可用带侧芽茎段作为外植体，侧芽诱导培养基为1/3MS+苄氨基嘌呤1.0mg/L+吲哚丁酸0.02mg/L，增殖培养基为MS+苄氨基嘌呤0.2mg/L+吲哚丁酸0.2mg/L，生根培养基为1/2MS+萘乙酸0.5mg/L。

2. 促进种子萌发

用50mg/L赤霉酸溶液浸泡洋桔梗种子24h，可以打破休眠和促进萌发。

3. 促进生长

目前洋桔梗已基本实现周年生产，但其幼苗期间生长较为缓慢。为此，在洋桔梗幼苗定植成活后，用18~20mg/L赤霉酸+18~20mg/L苄氨基嘌呤的混合溶液进行叶面喷施处理可有效提高植株生长，增加高度、茎粗和叶面积，并缩短缓苗期。另外，该处理还可促进侧芽萌发，对用作盆栽的种苗来说，有利于后期的冠形培育。

4. 促进根系健壮

洋桔梗多以种子繁殖，在穴盘苗长至两片真叶期时浇灌20mg/L萘乙酸溶液，可促进根系发育健壮、防止种苗徒长（彩图2-7）。

5. 防止莲座化生长

洋桔梗在栽培中易发生莲座化现象，一旦发生便不易发育成为正常植株，并将使得花期延后且零散不齐，产量不稳定。为此，在洋桔梗（品种为“Green Pelleted”）定植4周并摘心1周后用50~150mg/L赤霉酸溶液处理，每周喷洒1次，连喷4周，可明显降低洋桔梗植株苗期的莲座率，促进开花，并可增加株高。另外，在洋桔梗（品种为“雪莱香槟”）定植30~60天后用100~150mg/L赤霉酸溶液喷施处理莲座植株（表现为植株生长缓慢，节间短缩，叶片密集为莲座化），可有效促进洋桔梗抽薹和打破莲座化。

6. 切花保鲜

洋桔梗采后主要问题是贮运及瓶插过程中易出现花叶干萎等现象，瓶插寿命也短。为此，可将洋桔梗（品种为“Ceremony White”）切花基部（约6cm）插于2%蔗糖+50mg/L水杨酸+3 g/L氯化钙+20mg/L苄氨基嘌呤+200mg/L丁酰肼预措液中预处理24h，可延长切花瓶插寿命、增加花枝鲜重和花径、促进开花。另外，用120nL/L 1-甲基环丙烯密闭熏蒸洋桔梗切花6h后再瓶插，可显著延长其瓶插观赏时间。

二十、 一串红

一串红又名爆竹红、墙下红、西洋红，为唇形科鼠尾草属多年生草本或亚灌木，因其抗寒性差，常作一年生栽培。一串红花序成串，色红鲜艳，花期长，适应性强，常用于布置花丛、花坛、花带、花境或进行盆栽，是节日装点环境、烘托喜庆气氛最为常用的草花。

植物生长调节剂在一串红上的主要应用：

1. 促进种子萌发

播种繁殖是一串红繁殖的主要方法，但一串红种子种壳坚实且具有休眠特性，给播种育苗带来不利。为此，可用500mg/L赤霉酸溶液浸种处理45min，可打破休眠和促进萌发。另外，也可先用1mol/L盐酸浸种45min，然后再用100mg/L赤霉酸溶液浸种处理45min，也可明显提高发芽率和发芽势。

2. 促进扦插生根

取一串红枝条上段嫩枝作为插穗，扦插前用1000mg/L吲哚乙酸溶液浸泡处理插穗基部，可显著提高插穗生根率、生根数。另外，在扦插前用2500mg/L吲哚丁酸溶液速浸插穗，也可使生根迅速和整齐。

3. 控制穴盘苗徒长

在工厂化育苗的条件下，为了控制一串红穴盘苗的徒长，提高穴盘苗的质量，可用矮壮素处理矮化植株。具体做法是：于9月上旬进行一串红（品种为“展望”）接种育苗，每穴内播种3粒，播种后覆无纺布以保持湿度，每天浇水1~2次。出苗整齐后间苗，每穴内留1棵幼苗。待幼苗有2对真叶展开时用稀释800~1000倍50%矮壮素水剂进行喷施处理，每个穴盘（72孔）喷施1次，可显著抑制一串红穴盘苗的株高，使其株型紧凑、茁壮，叶色浓绿。另外，在一串红（品种为“圣火”）三叶一心期用50mg/L多效唑喷施处理，也可显著降低株高，使根系活力和壮苗指数显著提高。

4. 提高植株观赏性

高品质的一串红要求株型矮小紧凑、茎秆粗壮、花繁叶茂，但在普通栽培条件下，一串红大多数植株高而瘦弱，花叶稀疏，脱脚现象严重（即植株下部叶片脱落现象严重)，影响观赏价值。目前生产上常应用多次摘心的方法来控制株高，但费时费工且效果不好。运用植物生长延缓剂处理可有效控制植株高度，弥补育种与栽培工作中的不足。例如，用20～30mg/L烯效唑溶液浸泡一串红（品种为“妙火”）3h处理后再播种，可矮化植株，使节间距缩短，叶色加深，花序整齐，花期适中，叶片大小均一。另外，当一串红（品种为“展望”）播种穴盘幼苗有2对真叶展开时，用0.08%矮壮素溶液叶面喷施，之后每隔1周喷1次，共喷施5次，可使植株矮化，明显提高观赏价值。此外，采用适宜浓度的多效唑、甲哌鎓、丁酰肼等生长延缓剂处理，对控制一串红株型也有明显的效果。

5. 促进开花

当地栽一串红长出花蕾时，用40mg/L赤霉酸溶液均匀地喷洒在茎叶表面，4～6天处理1次，共处理1～2次，可促使提前开花。另外，在盆栽1年生一串红株高约15cm、有3～4个主杆时，用50mg/L赤霉酸溶液喷施植株，可使花期提前半个月。再者，在一串红（品种为“圣火”）穴盘苗二叶一心期用30mg/L多效唑溶液喷施1次（植株叶片全部湿润、水往下滴即可)，可使花期提前7～10天，且植株节间变短，叶片增厚，叶色浓绿。

二十一、 羽衣甘蓝

羽衣甘蓝为十字花科芸薹属甘蓝种的园艺变种，二年生草本。观赏用的羽衣甘蓝叶形美观多变，心叶色彩丰富艳丽，整个植株形如盛开的牡丹花，而被形象地称为叶牡丹，被广泛用于公园或街头的花坛，成片组合成各种不同的图案和形状，或是用于花坛镶边和花柱的组合，具有很高的观赏效果。又因其耐寒性强、观赏期长、应用形式灵活多样，所以羽衣甘蓝是我国北方特别是华东地带深秋、冬季或早春美化环境不可多得的园林景观植物。羽衣甘蓝还可盆栽观赏或制成组合盆栽，用于装饰家庭的室内、阳台、庭院等，新颖时尚。另外，部分羽衣甘蓝品种可用于切花观赏。

植物生长调节剂在羽衣甘蓝上的主要应用:

1. 组织培养

羽衣甘蓝的组织培养可以花蕾为外植体，不定芽诱导培养基为MS+4.0mg/L苄氨基嘌呤+0.1mg/L萘乙酸，继代培养基为MS+2.0mg/L苄氨基嘌呤+0.02mg/L萘乙酸，生根培养基为1/2MS+0.4mg/L萘乙酸。另外，也可用茎段作为外植体，愈伤组织诱导培养基为MS+4.0mg/L苄氨基嘌呤+0.1mg/L二氯苯氧乙酸，芽分化培养基为MS+2.0mg/L苄氨基嘌呤+0.1mg/L萘乙酸，生根培养基为1/2MS+1.0mg/L萘乙酸。再者，还可以用无菌苗的下胚轴作为外植体，无菌苗培养基为1/2MS，不定芽诱导培养基为MS+0.5～1mg/L苄氨基嘌呤+0.1mg/L萘乙酸，生根培养基为1/2MS+0.2～0.5mg/L吲哚乙酸。

2. 促进扦插生根

选取成熟健壮的羽衣甘蓝植株，切取中层的叶片，要求基部中肋带1个腋芽和

1 小块茎，用 0.1% 高锰酸钾快速处理切口，用 10mg/L 吲哚丁酸溶液浸泡处理插穗基部 2h 或 100mg/L 萘乙酸溶液速蘸，然后再扦插到基质（珍珠岩 + 蛭石）中，可显著提高插穗生根率、生根数。相比而言，萘乙酸处理在生根速度和生根数量上有优势，吲哚丁酸处理在根长的生长上有优势。

3. 控制穴盘苗徒长

羽衣甘蓝育苗过程中极易出现苗期徒长现象，影响后期的观赏效果。用 20mg/L 多效唑溶液喷淋羽衣甘蓝（品种为“名古屋”）育苗基质或者在穴盘苗子叶期用 40mg/L 多效唑溶液叶面喷施，均可明显矮化植株。

4. 控制株型，提高植株观赏性

盆栽羽衣甘蓝在光照不足、温度过高、湿度过大时，易徒长，基部叶易落，叶色变浅。在羽衣甘蓝（圆叶紫红品种）的穴盘苗上盆并且植株恢复生长约 1 个月后，用 1000 ~ 1500mg/L 丁酰肼溶液喷施叶面 1 次，间隔 1 周再连喷 2 次，可安全有效地抑制羽衣甘蓝的生长高度，使其茎秆粗壮、株型紧凑、叶片增厚、叶色加深、观赏期延长，显著提高观赏性。此外，在园林应用的羽衣甘蓝，可用 1000 ~ 1500mg/L 丁酰肼溶液或 150mg/L 多效唑溶液喷施叶面 1 ~ 2 次，间隔 1 周，可有效控制株型，防止徒长。

二十二、 紫罗兰

紫罗兰别名草桂花、香桃、草紫罗兰等，为十字花科紫罗兰属多年生草本植物，现常作为一、二年生花卉栽培。紫罗兰花朵繁茂，花色丰富鲜艳，香气浓郁，花期长。另外，因其耐寒性较强，加温等方面的费用少，所需劳动力也少，栽培价值较高，从定植到收获的周期短，成为目前冬、春季节重要的花卉。紫罗兰露地栽培主要是布置花坛、花境，也可盆栽摆放在庭院、厅堂和居室，同时也可作为切花观赏。

植物生长调节剂在紫罗兰上的主要应用：

1. 促进开花

在紫罗兰 6 ~ 8 片叶时，用 100 ~ 1000mg/L 赤霉酸溶液喷洒叶面，可不经低温，加速开花。另外，用 1000mg/L 赤霉酸溶液涂抹紫罗兰花芽多次，也能促进提早开花。

2. 切花保鲜

由于紫罗兰花序及叶片较大，易失水，且花茎在瓶插期间易出现“弯颈”现象，导致紫罗兰切花瓶插寿命短。将紫罗兰（“弗吉诺”奶油色品种）切花瓶插于 50mg/L 赤霉酸溶液中可延长其瓶插寿命，而且有利于保持较高的开花率和良好的观赏品质。另外，用 5 ~ 10μmol/L 噻苯隆溶液预处理 24h 后瓶插，可明显减轻叶片黄化和花瓣萎蔫，并显著延长瓶插寿命。再者，将重瓣紫罗兰（品种为“艾达”）切花瓶插于含 1% 蔗糖 + 200mg/L 8-羟基喹啉硫酸盐 + 25mg/L 硝酸银 +

50mg/L 硫酸铝 +25mg/L 水杨酸的保鲜液中，可延长瓶插寿命达 1 倍，且能较好地保持其花瓣、叶片的形态及色泽。

二十三、 醉蝶花

醉蝶花别名凤蝶草、西洋白花菜、紫龙须等，是白花菜科醉蝶花属一年生草本。醉蝶花花枝娇柔，花朵轻盈飘逸，似彩蝶飞舞，一花多色，花期较长，栽培管理简便，是庭园、花坛、花境、盆花和切花的优良花卉品种。

植物生长调节剂在醉蝶花上的主要应用：

1. 促进种子萌发

醉蝶花目前主要以种子繁殖，但生产上醉蝶花种子发芽率往往偏低。为此，用 150mg/L 赤霉酸溶液浸种处理 12h，可显著提高醉蝶花种子的发芽率和发芽指数。

2. 促进扦插生根

醉蝶花扦插繁殖不仅可以较大地缩短生产周期，降低生产成本，还可作为播种繁殖时播种量不足或发芽率不高的补充。扦插时选择无病虫害健壮的顶芽，剪下 6 ~ 7cm 作为插穗，然后用 400mg/L 萘乙酸或 250mg/L 吲哚丁酸 +250mg/L 萘乙酸的混合溶液快蘸后插在穴盘中，淋透水后放在遮阴网下。另外，在扦插第 2 天喷洒稀释 800 ~ 1000 倍甲基托布津或百菌清或恶霉灵溶液，防止伤口感染病菌。一般 25 天左右即可生根。

3. 防止种苗徒长

醉蝶花种苗后期生长迅速，若任其自然生长，易徒长、倒伏。可在醉蝶花种苗生长到 5 ~ 6cm 高时，喷施稀释 1600 倍多效唑溶液，以促进醉蝶花种苗节间变短，防止种苗徒长。待大部分幼苗已长出 4 ~ 6 片叶，即可定植。

4. 提高植株观赏性

在醉蝶花第 1 次摘心后侧枝长到 4cm 左右时，喷施稀释 1000 倍液多效唑溶液可使株型矮化紧凑、分枝较多、茎部粗壮、花大而密，显著提高观赏性。另外，在醉蝶花（品种为“瑞典醉蝶花”）7 ~ 8 片叶时用 600 ~ 700mg/L 多效唑溶液喷 1 次，10 天后再喷 1 次，可增加分枝数，并使株型矮化紧凑、花大而密和提早开花。

植物生长调节剂在宿根花卉上的应用

宿根花卉泛指个体寿命超过两年，可连续生长，多次开花、结实，且地下根系或地下茎形态正常，不发生变态的一类多年生草本观赏植物。依其地上部分茎叶冬季枯死与否，宿根花卉又分为落叶类（如菊花、芍药、铃兰、荷兰菊等）与常绿类（非洲菊、君子兰、萱草、铁线蕨等）。

宿根花卉种类繁多、生态类型多样，且花色鲜艳、花形丰富，观赏期长，可以一次种植、多年观赏。同时宿根花卉比一、二年生草花有着更强的生命力，具有适应性强、繁殖容易、管理简便、抗逆性强、群体效果好等优点，适合大面积培育和栽植，被广泛应用到绿化带、花坛、花境、地被、岩石园中，在园林景观配置中占有极为重要的地位。另外，宿根花卉还大量用作盆栽（如菊花、鸢尾、玉簪、芍药、红掌等）和切花观赏（菊花、非洲菊等），一些水生宿根草本花卉（如睡莲、千屈菜、马蔺等）常用于水体绿化和丰富水景布置。

植物生长调节剂在宿根花卉生产上应用，涉及促进繁殖、调控生长、调节花期、贮运保鲜等各个方面。以下简要介绍植物生长调节剂在宿根花卉上的部分应用实例。

一、大花飞燕草

大花飞燕草别名鸽子花、翠雀，其花形似飞鸟，为毛茛科翠雀属多年生宿根草本，花形别致，花序硕大成串，花色淡雅而高贵，有蓝、紫、白、粉红等色，是一种适宜园林绿化、美化的重要花卉，既可用于栽植花坛、花境，也是一种颇具魅力的高档切花和压花材料。

植物生长调节剂在大花飞燕草上的主要应用：

1. 促进种子萌发和幼苗生长

用10mg/L赤霉酸、0.5mg/L萘乙酸或0.1mg/L苄氨基嘌呤分别浸泡飞燕草（品种为“白色骑士”）种子16h，均可明显促进发芽，不仅可缩短发芽进程，而且还明显提高种子的发芽率和发芽势，并有利于幼苗的生长。

2. 切花保鲜

大花飞燕草采切后极易掉瓣，严重影响其观赏品质及瓶插寿命。将大花飞燕草（品种为“夏季天空”）切花插于含3%蔗糖+300mg/L 8-羟基喹啉硫酸盐+50mg/L硝酸银+50mg/L硫酸铝+25mg/L水杨酸的保鲜液中，可显著延长大花飞燕草切花的瓶插寿命，并可较好地保持切花的形态及色泽。另外，在该切花瓶插前用0.4μL/L 1-甲基环丙烯密闭处理14h，也可延长其瓶插寿命和保持观赏品质。

二、非洲菊

非洲菊又名扶郎花，是菊科大丁草属多年生常绿宿根草本花卉。由于其花朵硕大、花枝挺拔、花色丰富而艳丽、花形独特优美，栽培适应性强，在保护地条件下栽培可周年开花，是艺术插花、制作花束、花篮的理想材料，也可布置花坛、花境，或盆栽作为厅堂、会场等装饰摆放。

植物生长调节剂在非洲菊上的主要应用：

1. 组织培养

在现代切花栽培中，为获得大量品质一致的植株，已广泛采用组织培养进行非洲菊的繁殖。而且，组培的种苗质量高，繁殖速度快，可实行周年计划安排，有利于商品化生产。通常使用花托和花梗作为外植体，以花托为外植体时，愈伤组织诱导培养基为1/2MS+10mg/L苄氨基嘌呤+0.2mg/L萘乙酸+0.3mg/L吲哚乙酸；不定芽诱导培养基为1/2MS+3mg/L苄氨基嘌呤+0.2mg/L萘乙酸+0.1mg/L吲哚乙酸；生根培养基为1/2MS+0.3mg/L吲哚乙酸；另外，也可以试管苗叶片为外植体，愈伤组织诱导和分化芽培养基为MS+3mg/L苄氨基嘌呤+0.1mg/L萘乙酸，增殖培养基为MS+3mg/L苄氨基嘌呤+0.2mg/L萘乙酸，生根培养基为1/2MS+1.0mg/L吲哚乙酸。再者，还可以幼嫩花蕾为外植体，不定芽诱导培养基为MS+5mg/L苄氨基嘌呤+0.2mg/L萘乙酸，增殖培养基为MS+3mg/L苄氨基嘌呤+0.3mg/L萘乙酸+3mg/L氯化胆碱，生根培养基为1/2MS+0.2%活性炭。

2. 促进开花和提高品质

用200mg/L赤霉酸+200mg/L激动素的混合液喷施苗龄为1个月的非洲菊（品种为“玲珑”），每周喷洒1次，共喷洒3次，可使花莛提早开放，且可显著提高非洲菊产花量及切花质量。另外，在非洲菊（品种为“洛斯”）现蕾时用50mg/L赤霉酸溶液喷施叶面、花茎和花蕾，每隔15天喷施1次，连续3次，可有效提高非洲菊的高度、茎粗，开花比例也有提高，从而提高切花的产量和质量。

3. 切花保鲜

非洲菊采后易出现花头下垂、花茎弯折、花瓣萎蔫等现象，严重影响观赏品质及经济价值。贮藏前用30mg/L 苄氨基嘌呤+10%蔗糖+250mg/L 8-羟基喹啉柠檬酸盐预措液预处理非洲菊切花（品种为“Jamilla”）4h，贮藏2周后的弯颈现象较未处理的明显减轻。经该预措液处理的切花贮后再配合200mg/L 硫酸铝溶液瓶插处理，保鲜效果更佳。对非洲菊切花的瓶插保鲜，可将切花插于2%蔗糖+200mg/L 8-羟基喹啉+150mg/L 柠檬酸+10mg/L 烯效唑、2%蔗糖+200mg/L 8-羟基喹啉+10mg/L 丁酰肼、2%蔗糖+50mg/L 水杨酸+20mg/L 苄氨基嘌呤、3%蔗糖+20mg/L 硝酸银+75mg/L 水杨酸等保鲜液中。

三、观赏凤梨

观赏凤梨为凤梨科多年生草本，种类繁多，约有50多个属2500余种。目前国内常见的观赏凤梨有5个属：擎天属、莺歌属、蜻蜓属、铁兰属、赪凤梨属。其中最流行的主要集中在擎天属和莺歌属，主栽品种如下：擎天属的有丹尼斯、火炬、平头红、小红星、吉利红星、大擎天、橙擎天、黄擎天、紫擎天等；莺歌属的有红剑、红莺歌、黄边莺歌、彩苞莺歌等。另外，蜻蜓属的有粉凤梨，铁兰属的有紫花凤梨等。观赏凤梨株型优美，叶片和花穗色泽艳丽，花形奇特，花期可长达2~5个月，可供盆栽观赏和切花之用，是冬令高档的室内观赏植物品种之一。

植物生长调节剂在观赏凤梨上的主要应用：

1. 促进萌芽

在观赏凤梨生育期用1%苄氨基嘌呤羊毛脂糨糊涂布芽头可促进萌芽。

2. 促进开花

观赏凤梨的开花往往参差不齐，不能满足商品化生产的要求，为此可用植物生长调节剂进行调节。乙烯利用于促进观赏凤梨的开花应用最为广泛，其成本低、效果好。具体方法是：当观赏凤梨的营养生长达到一定程度，满足商品的大小、叶数要求后，利用6~60mg/L 乙烯利溶液浇灌心叶，每株用量30~50mL，也可喷洒心叶或整株喷洒，一般处理25~45天后即可开花。

四、荷兰菊

荷兰菊又名柳叶菊、山白菜、纽约紫菀等，为菊科紫菀属多年生宿根草本。荷兰菊分枝和根蘖能力强，花繁叶茂，花色丰富，有蓝紫、橙红、紫红、蓝、白等色，适应性强，耐寒、耐旱、耐瘠薄、较耐涝，栽培管理简单，广泛应用于城市花坛、花境、庭院及城市道路的绿化、美化。

植物生长调节剂在荷兰菊上的主要应用：

1. 促进扦插生根

选取生长健壮无病害植株剪截粗壮枝条（一级枝），去顶梢，插穗长约8cm，上部留3～4个叶片或2个腋芽。扦插前用60mg/L二氯苯氧乙酸或90mg/L吲哚丁酸溶液浸蘸30s，可显著提高插穗生根率、生根数和根长。

2. 增加切花茎秆高度

对用作切花的地栽荷兰菊，当植株第一次修剪后，侧枝开始抽生时，植株高度约15cm，用200mg/L赤霉酸溶液喷洒处理，一般处理2～3次，可增加植株高度。

五、 鹤望兰

鹤望兰别名为天堂鸟花、极乐鸟花，为旅人蕉科鹤望兰属多年生常绿宿根草本，其花形奇特、优美，总苞紫色、花萼橙黄色、花瓣天蓝色、形如飞鸟，其叶片四季常青、叶面有光泽、似一把出鞘的剑，体态优美，开花时花叶并茂，是一种观赏价值很高的盆花和庭院绿化美化的高档花卉，并被称为“切花之王”。

植物生长调节剂在鹤望兰上的主要应用：

1. 促进种子萌发和幼苗生长

鹤望兰种子种皮坚硬且厚，内含大量油脂，种子表面有蜡质，导致播种繁殖中种子发芽率较低。另外，随着种子离开母体时间的增加，其发芽率逐步降低。若将鹤望兰种子在98%浓硫酸中软化8min后，再用100mg/L赤霉酸溶液浸泡24h，可明显促进萌发和提高发芽率。

2. 切花保鲜

将鹤望兰切花插于30%蔗糖+300mg/L 8-羟基喹啉柠檬酸盐+20mg/L苄氨基嘌呤+200mg/L $Co(NO_3)_2$+1g/L明矾+0.2 g/L NaCl溶液中，可明显延长其瓶插寿命并持久保持其观赏品质。另外，用2μL/L 1-甲基环丙烯在常温（25℃）或冷藏（12℃）下封闭熏蒸6h处理，可有效延长鹤望兰切花的贮运期，贮运保鲜效果明显。

六、 红掌

红掌又名安祖花、花烛或红鹤芋，为天南星科花烛属常绿宿根草本。红掌品种多样，同属植物达500多种。红掌株型秀美飘逸，花莛挺拔，佛焰苞形状独特、色彩艳丽多变，叶形秀美，可周年开花，是不可多得的观花及观叶花卉，成为国内外流行的高档切花材料与盆栽品种，其销售额仅次于热带花卉兰花，广泛应用于室内、室外装饰。

植物生长调节剂在红掌上的主要应用：

1. 组织培养

以盆栽红掌大苗的芽作外植体初始诱导，接入启动培养基MS+2.0mg/L苄氨基嘌呤+0.1mg/L吲哚乙酸上。10天后芽体开始萌动，30～40天后，芽可伸长到1cm左右，有3～4片叶，剪取上部茎尖，接种到MS+3.0mg/L苄氨基嘌呤+

0.3mg/L 萘乙酸的分化培养基上进行增殖培养，获得一定数量的不定芽后，选粗壮小苗接入 MS+0.5mg/L 苄氨基嘌呤 +0.5mg/L 萘乙酸 +1.0mg/L 吲哚乙酸的生根培养基中，生根率达到96%。另外，也可以花序作为外植体，愈伤组织诱导培养基为 MS+1.0mg/L 苄氨基嘌呤 +0.2mg/L 二氯苯氧乙酸，不定芽诱导培养基为 MS+1.0mg/L 苄氨基嘌呤 +1.0mg/L 激动素 +0.1mg/L 萘乙酸，生根培养基为1/2 MS+0.5mg/L 萘乙酸。

2. 促进植株生长

用 300mg/L 5-氨基乙酰丙酸溶液或其与 5 g/L 硫酸镁的混合液喷施红掌（品种为“热情”）幼苗，可促进植株的生长。另外，用 700mg/L 苄氨基嘌呤溶液对红掌杂交组培苗侧芽进行涂抹诱导，每周涂抹 1 次，可促进侧芽萌发。

3. 促进水培生根

水培红掌是家庭、办公场所的常见摆花。将土栽红掌植株进行分株并用水清洗，每小株保留健壮根系 4～5 根，并剪至 10～15cm 长度，其余的根系全部除去，留 4～5 片叶片。用 50mg/L 吲哚丁酸溶液处理基部 24h 后用清水洗净并置于清水中水培，可促进早生根、多生根。另外，水培红掌（品种为“火焰”）植株在洗根后，用 10mg/L 萘乙酸溶液处理 24h 再水培，可使得植株根系生长旺盛，须根较多。再者，取温室栽培的盆栽红掌健壮小苗（株高 10cm），洗净并将根全部剪除，用0.1%高锰酸钾溶液浸泡植株根部 10～15min 进行伤口消毒处理，然后用10mg/L 吲哚丁酸溶液处理 1～3 天，可促进红掌生根及根系生长。

4. 防止盆栽植株徒长

盆栽红掌在特殊的温室条件下，易发生徒长的现象，主要表现在：植株上部叶片尤其是新生叶的叶柄明显伸长，上下叶层间距拉大，下部空间郁蔽，基部幼小花苞难以孕育显现，盆中株型难成倒锥体，易成狭窄的长筒形，致使盆体头重脚轻，码放重心不稳。另外，盆栽红掌可多年栽培利用，多年开花观赏，一旦出现徒长，会损害当年的商品性和多年的观赏性。采用 100mg/L 丁酰肼溶液喷施盆栽红掌（品种为“亚历桑娜”），前后喷施 4 次，间隔为 15～20 天，可安全有效地塑造盆栽红掌的理想株型。另外，按每个花盆（直径 15cm）20mg 多效唑的用量浇灌红掌，也可延缓叶柄与花梗伸长，促进分枝，改善株型。

5. 促进开花

在红掌上盆 1 周后叶面喷施 100mg/L 赤霉酸溶液或 50mg/L 赤霉酸 +50mg/L 激动素的混合液，7 天喷 1 次，连续喷 4 次，可使红掌花期提早 29 天或 33 天，并且能改善开花质量，提高其观赏价值。

6. 提高抗寒性

红掌属于热带花卉，生长温度要求在 14℃以上，气温下降到 12℃以下时，植株就会受到冷害。用 300mg/L 水杨酸溶液喷施红掌（品种为“粉冠军”）小苗（株高约 12cm），可提高其抗寒能力。

7. 切花保鲜

红掌切花的瓶插观赏期本身较长，若插于含 2% 蔗糖 + 20mg/L 激动素或含有 2% 蔗糖 + 1.0mg/L 苄氨基嘌呤 + 0.1mg/L 激动素 + 310mg/L 抗坏血酸等的瓶插液中，可进一步延长观赏寿命和维持其观赏品质。

七、 椒草

椒草为胡椒科椒草属（豆瓣绿属）多年生常绿观叶植物，其种类繁多，常见的有圆叶椒草、花叶椒草、三色椒草、红沿椒草、皱叶椒草、西瓜皮椒草、白脉椒草等。在椒草中，还有一类叶片更为肥厚，可归于多肉植物，如塔椒草、斧叶椒草、红背椒草、灰背椒草、琴叶椒草、石豆椒草等。椒草株型玲珑可爱，叶片肥厚，叶色或碧绿如翠，或斑驳多彩，四季碧绿，清雅宜人，多用于装点室内环境，作为盆栽常常摆放在居家客厅、书房、办公室等，装饰效果佳。其中日常多见的圆叶椒草，因叶片翠绿光亮，如玉似碧，在花卉市场常称之为“碧玉”，也称豆瓣绿，并因其娇小的株型、清秀及明亮的光泽和天然的绿色受到大家的青睐。

植物生长调节剂在椒草上的主要应用：

1. 促进叶插生根和成苗

椒草扦插繁殖常用叶插方式。取健壮叶片繁殖，将叶片同叶柄剪下，用 500mg/L 萘乙酸溶液速浸叶柄基部，可加快生根，提高成苗率。

2. 促进水插生根和水培生长

选择叶色浓绿、叶片肥厚、长势好的豆瓣绿植株，剪取顶端健壮枝条作插穗，长 10cm 左右，带 3 ~ 4 片叶。将插穗下部蘸入高锰酸钾溶液 5 ~ 6s 进行消毒，用清水冲洗后将插穗下部插入盛有清水的容器中浸泡 3 天，然后用 10 ~ 30mg/L 吲哚丁酸溶液浸泡基部 12h，再插于营养液水培，促根效果十分明显。

八、 金钱树

金钱树又名金币树、雪铁芋、泽米叶天南星、龙凤木等，为天南星科雪铁芋属多年生草本观叶植物。金钱树圆筒形的叶轴粗壮碧绿，富有光泽，叶轴上面肥厚的叶片呈羽状排列，看起来像一串串连起来的钱币，故被称为“金钱树”。金钱树株型优美，色泽亮丽，耐阴耐旱，室内摆设效果佳，为室内观叶植物新宠。

植物生长调节剂在金钱树上的主要应用：

1. 促进叶插生根和成苗

金钱树的繁殖一般是采用分株的方法，也可用叶片扦插繁殖育苗。取金钱树剪取健壮带柄的金钱树叶片作为插穗，叶片（4 ~ 6 叶为最佳）用 50% 多菌灵消毒，然后叶柄切口用 300mg/L 吲哚丁酸溶液浸泡处理 2s，可促进金钱树的扦插生根和提高成活率。另外，扦插前用 200mg/L 萘乙酸溶液处理插穗 24h，对金钱树叶插的生根率、生根数、根长和块茎生长均具有明显的促进作用。

2. 促进水培扦插生根

选择金钱树叶片已经充分展开、叶质厚实、叶色光亮、叶柄健壮、长度40cm左右的金钱树大型羽状复叶，从叶柄离开球茎3cm处切下作为插穗。用清水清洗切好的金钱树插穗切口，通风处晾干，再用0.1%高锰酸钾溶液消毒15min，用清水冲洗干净。水培扦插前用150mg/L萘乙酸或吲哚丁酸溶液浸泡叶柄切口处1h，可促进早生根，并显著提高根数和根长。

3. 矮化盆栽植株，提高观赏性

盆栽金钱树的观赏价值主要取决于复叶品质，温室栽培中其复叶生长大多叶轴细长、易倒伏，小叶间距大，株型松散。为此，在盆苗约20cm高时用200mg/L多效唑或100mg/L烯效唑溶液灌根处理，共施药3次，依次间隔15天，可减缓金钱树复叶生长，减小小叶间距，使复叶基部粗壮挺立，达到株型紧凑美观的效果，明显改善观赏品质。另外，对不同年龄盆栽金钱树所采用的植物生长延缓剂种类及处理方式和浓度有所不同，才能取得理想的株型矮化和提高观赏效果：1年生苗用300mg/L烯效唑溶液喷叶处理；2年生苗用300mg/L烯效唑溶液灌根处理或600mg/L多效唑溶液灌根处理；3年生苗用1200mg/L多效唑溶液喷叶处理。

九、菊花

菊花又名黄花、节花、九花、金蕊、鞠、金英等，是菊科菊属多年生宿根草本。菊花品种繁多，其花型、瓣型变化极大，色、姿、韵、香四美皆备，可供盆栽观赏、布置园林和切花水养，为中国传统名花和最大众化的切花，也是世界四大切花之一。

植物生长调节剂在菊花上的主要应用：

1. 组织培养

取菊花壮芽作为外植体，以MS+2.0mg/L苄氨基嘌呤+0.2mg/L吲哚乙酸为分化培养基，并用此培养基进行继代分化培养，可形成大量芽丛。选择分化健壮的芽丛，进行分割，转入MS+1.0mg/L苄氨基嘌呤+0.2mg/L吲哚乙酸的生长培养基内培养约3周，试管苗长高至3cm以上时，可取壮苗接种于1/2 MS+0.5mg/L吲哚乙酸的生根培养基进行培养。约培养4周，生根率可达100%，当根系长到0.5cm时，即可进行炼苗移栽。另外，还可以幼嫩的花蕾作为外植体，愈伤组织诱导培养基为MS+1.0mg/L苄氨基嘌呤+0.2mg/L萘乙酸，不定芽诱导培养基为MS+2.0mg/L苄氨基嘌呤+0.1mg/L萘乙酸，生根培养基为1/2MS+0.1mg/L萘乙酸。再者，还可以带侧芽茎段作为外植体，无菌萌发培养基为MS+1mg/L苄氨基嘌呤+0.5mg/L吲哚乙酸+0.2mg/L赤霉酸，分化及增殖培养基为MS+2mg/L苄氨基嘌呤+0.2mg/L吲哚乙酸，生根培养基为1/2MS+0.5mg/L吲哚乙酸。

2. 促进扦插生根

在9～10月待菊花花蕾形成后，剪取带蕾的嫩绿健壮枝梢约10cm作为插穗，基部速蘸500mg/L萘乙酸和250mg/L吲哚丁酸的混合液后扦插，可显著促进生根。另外，将插穗在1000～1500mg/L吲哚丁酸溶液中速蘸5s，然后扦插于蛭石：珍珠岩＝1∶1基质中，对促进切花小菊生根和根的生长特别有效。再者，对不同品种菊花嫩枝扦插所采用的植物生长延缓剂种类及处理浓度有所不同，才能取得理想的促进生根效果："霞光四射"品种采用500mg/L萘乙酸或吲哚丁酸溶液速蘸插穗基部3～5s，可促进生根和根系生长；"紫玉"品种采用500mg/L吲哚丁酸溶液速蘸处理插穗生根量多，且根系生长好；"麦浪"和"金背大红"2个品种用250mg/L或500mg/L吲哚丁酸溶液速蘸插穗基部根系生长好。

另外，使用250mg/L吲哚丁酸＋250mg/L萘乙酸混合液快浸处理，可明显促进生根和根系生长（彩图3-1）。

3. 促进盆菊发芽，丰满冠型

针对发芽能力较弱的菊花品种，在摘心后叶面喷施25～33mg/L苄氨基嘌呤溶液或45mg/L苄氨基嘌呤＋45mg/L赤霉酸的混合溶液1～2次，可明显地促进侧芽萌发（以底部芽最为明显），增大发枝数。一般而言，对于控旺要求严格的菊花，可单独使用苄氨基嘌呤溶液，而若须加快生长，则可选择苄氨基嘌呤与赤霉酸的混合溶液。

4. 矮化植株，提高观赏性

菊花用作盆栽时需要植株低矮紧凑，节间比较一致。为此，可在菊花定植后用1000mg/L丁酰肼溶液，每周喷施1次，连用2～3次，可使得植株矮化、节间均匀、株型整齐。另外，在园林应用上，用丁酰肼2000mg/L溶液或15～25mg/L烯效唑叶面喷施，可较长时间控制菊花株高。

5. 开花调节

用赤霉酸100mg/L溶液喷洒需长日照才开花的菊花，每3周喷1次，共喷2次，可以促使菊花在冬季开花。夏菊在生育初期，每10天用5～50mg/L赤霉酸溶液叶面喷洒1次，共2次，可提早开花。另外，赤霉酸溶液处理对于解除菊花莲座化恢复生长活性以及早期生长具有一定的辅助作用，具体做法是：定植后10天开始，间隔10天连续喷施3次100mg/L赤霉酸溶液，可促进植株迅速生长，提前开花。用5mg/L二氯苯氧乙酸溶液喷洒处理可以使菊花延迟30天开花。另外，用300～400mg/L苄氨基嘌呤溶液叶面喷施处理，也可延迟菊花开花。再者，在菊花花芽分化早期，用50mg/L多效唑或5mg/L烯效唑溶液喷施植株2～3次，能够控长增绿，延长赏花时间。

6. 切花保鲜

菊花瓶插前在1mg/L苄氨基嘌呤溶液中浸基部24h，或直接插入2%～5%蔗糖＋30mg/L硝酸银＋75mg/L柠檬酸、2%蔗糖＋30mg/L硝酸银＋0.2mg/L二氯苯氧乙酸＋1.0mg/L苄氨基嘌呤等保鲜液中，可延长瓶插寿命和维持其观赏品质。另外，用500nL/L 1-甲基环丙烯熏气6h可有效抑制外源乙烯对切花菊（品种为"优香”）的伤害，该预处理可显著延缓叶片黄化，延长瓶插寿命，增大花径。

十、君子兰

君子兰别名剑叶石蒜、大叶石蒜，为石蒜科君子兰属多年生常绿草本花卉。君子兰叶片苍翠挺拔，花姿端庄典雅，花大色艳，果实红亮，叶、花、果并美，可一季观花、三季观果、四季观叶，具有极高的观赏价值，主要用于室内陈设。

植物生长调节剂在君子兰上的主要应用：

1. 促进分株繁殖

将成龄君子兰假鳞茎和根部连接处萌生的腋芽从母株上切离下可用来进行分株培养。分株可结合翻盆换土进行，同时将母株和分株出来的幼苗栽植前采用20mg/L萘乙酸溶液浸基部12h，可促进快出新根。

2. 组织培养

君子兰的组织培养可以叶片为外植体，丛生芽诱导培养基为MS+1.2mg/L苄氨基嘌呤+2.0mg/L萘乙酸+0.8mg/L二氯苯氧乙酸，增殖培养基为MS+0.9mg/L苄氨基嘌呤+0.5mg/L萘乙酸，生根培养基为MS+0.1mg/L萘乙酸。另外，用种子作为外植体，愈伤组织诱导培养基为MS+2.0mg/L二氯苯氧乙酸+2.0mg/L苄氨基嘌呤，诱导不定芽培养基为MS+1.0mg/L苄氨基嘌呤+1.0mg/L萘乙酸。

3. 促进水培生根和生长

将土培君子兰（二年生以上）取出后冲洗根系，在0.2%高锰酸钾溶液中消毒30min，然后置于含50~100μmol/L水杨酸的水培营养液中水培，可促进生根和加快根系生长。另外，在水培液中添加0.05mg/L萘乙酸也可促进水培君子兰植株的根系生长，并显著提高根系活力。

4. 促进开花和结实

选5年以上君子兰盆栽，用50mg/L赤霉酸溶液涂抹在花莛基部，每2~3天涂1次，共处理2~3次，可促进紧缩在叶丛中的花莛伸长。另外，在君子兰（品种为“油匠”）花莛抽出前用50mg/L赤霉酸溶液每天喷施1次，连续处理1周，可使君子兰的花莛显著提高、开花提前21天，且增加花朵和果实数量。

十一、绿萝

绿萝为天南星科藤芋属多年生常绿藤本，绿萝叶色斑斓，四季常绿，长枝披垂，摇曳生姿，既可让其攀附于用棕扎成的圆柱、树干绿化上，也可培养成悬垂状置于书房、窗台、墙面、墙垣等，还可用于林荫下做地被植物，是目前花卉市场上销售量相当大的一种室内观叶植物。

植物生长调节剂在绿萝上的主要应用：

1. 促进扦插生根和成苗

绿萝的繁殖目前主要采用扦插方法。选取生长健壮、无机械损伤的当年生嫩枝，剪成1叶1芽的插穗，插穗上下剪口均剪成马耳形斜面，上切口距上芽约1cm，下切口位于节下约3cm，扦插基质为椰糠+珍珠岩（体积比为5∶1）。扦插前用100mg/L吲哚丁酸、200mg/L萘乙酸溶液或者50mg/L吲哚丁酸+200mg/L萘乙酸的混合液浸插穗基部8h处理，可显著促进生根和根系生长，其中以50mg/L吲哚丁酸+200mg/L萘乙酸的混合溶液处理效果最佳。

2. 促进水插生根和水培生长

选择健壮、近半木质化绿萝（品种为“青叶”）植株，每枝保留3～5片叶，剪成12～15cm长，下切口在节下1～2cm左右，45°斜切。将枝条基部（约5～6cm）置于含0.5mg/L苄氨基嘌呤+0.5mg/L萘乙酸的水培液中，可明显促进生根，表现为须根数量多、根径粗、根系色泽白亮，显著提高水培品质。另外，选择长度为15～25cm的健壮植株，留3或4片展开的叶片，把修剪好的植株基部放在0.5%高锰酸钾溶液中消毒5s，冲洗干净后放在20mg/L吲哚丁酸或40mg/L萘乙酸溶液中浸泡8h，对绿萝的生根数和根长都有明显的促进作用。

十二、芍药

芍药别名将离、离草，为芍药科芍药属多年生宿根草本。芍药株型紧凑俊逸，花朵硕大，花姿妩媚，芳香馥郁，花色娇艳、丰富，有红、白、紫、蓝、黄、绿、黑及复色，叶片繁茂，叶色油亮翠绿，观赏价值高，是我国传统名花之一，被称作“花后”“花相”，并与牡丹并称为“花中二绝”。芍药是绿化庭院、公园等的早春主要品种，可与其他植物搭配使用，植于楼阁旁、亭榭下，作为点缀形成美丽的园林小品。也可建造芍药专类园、岩石园，欣赏其群体开花的盛景。芍药除广泛用于园林布置外，还是优良的室内切花品种，常用于各种礼仪花卉装饰和艺术插花。

植物生长调节剂在芍药上的主要应用：

1. 组织培养

芍药的组织培养可以其休眠芽为外植体，芽诱导培养基为1/2MS+1.0mg/L赤霉酸+1.0mg/L苄氨基嘌呤，增殖培养基为1/2MS+1.0mg/L苄氨基嘌呤+0.5mg/L激动素，生根培养基为1/2MS+1.0mg/L吲哚丁酸。

2. 促进种子萌发

芍药种子繁殖是培育芍药品种的重要途径。不过，芍药种子具有上、下胚轴双重休眠的特性，对育种工作造成了一定困难。芍药的双重休眠特性决定其种子必须经过严格的低温催芽，而用赤霉酸处理能有效代替低温打破种子休眠。具体做法是：取芍药（品种为“紫凤羽”）种子经温水浸泡48h后经0.5%高锰酸钾消毒40min，再经流水洗净，然后用500mg/L赤霉酸溶液浸泡12h，晾干后用80%硫酸处理2min并用大量清水冲洗，可有效打破种子休眠，提高发芽率。

3. 促进扦插生根

选择发育充实的芍药（品种为“大富贵”）茎枝，将之剪截成段，使每段含3

节作为插穗，其上切口距上芽约1cm，下切口位于节下。最下端一片复叶去除，上端两片复叶则各保留2/3。插穗基部用0.5%高锰酸钾溶液表面消毒并晾干后，再用2000mg/L吲哚丁酸溶液处理10s，可促进早生根，显著增加根数和根长。

4. 延长芍药花期、提高其观赏价值

芍药（品种为“大富贵”）初蕾期用0.3%氯化钙200mg/L苄氨基嘌呤进行全株喷雾至植株完全湿润，每隔48h处理1次直至开花为止。处理后芍药花的花茎明显增大，单花寿命延长，且在花形上表现出饱满度、光泽度等观赏价值提高的效果。

5. 调控株型，提高观赏性

芍药在自然生长状态下，其植株茎的伸长生长较快，花梗较长且花杆细软，容易倒伏，从而影响其观赏价值。对萌芽期的芍药用50～150mg/L多效唑溶液进行叶面喷施处理，可以有效抑制茎秆伸长、缩短节间长度、增加茎粗，提高植株的观赏效果，以100mg/L多效唑溶液处理为最佳。

6. 切花保鲜

将芍药（品种为“春晓”）切花插于含3%蔗糖+200mg/L 8-羟基喹啉+150mg/L柠檬酸+200mg/L多效唑或含3%蔗糖+200mg/L 8-羟基喹啉+150mg/L柠檬酸+200mg/L矮壮素等的瓶插液中，可显著延长瓶插寿命，提高观赏品质。

十三、 松果菊

松果菊别名紫松果菊、紫锥花，为菊科紫锥花属多年生宿根草本，是一种菊科野生花卉，因头状花序很像松果而得名。松果菊花茎挺拔，花朵较大，色彩丰富艳丽，花形奇特有趣，花群高低错落，抗性强，尤其耐高温，又能耐寒，成为园林景观宿根花卉的首选之一。松果菊可广泛展示在园林景观中，适于自然式丛栽；可布置于庭院隙地、花坛、篱边、湖旁、石前，显得花境活泼自然，也可作墙前屋后的背景材料，增加红绿色彩。盆栽的松果菊，既可置于家庭室内或阳台，又可摆放于建筑物内外。松果菊还是优良的切花材料。

植物生长调节剂在松果菊上的主要应用：

1. 培育穴盘苗壮苗

在松果菊穴盘播种苗两叶一心期，用4000mg/L矮壮素或3000mg/L丁酰肼溶液叶面喷施处理，可有效控制松果菊的株高、茎粗、节间，抑制幼苗徒长，使其株型紧凑，抗性增强，从而提高穴盘苗的质量，发挥培育壮苗的明显作用。

2. 控制盆栽植株高度

在设施栽培条件下，用750～1000mg/L多效唑或2000mg/L矮壮素溶液喷施盆栽2年生松果菊种苗，隔周再喷施1次，共处理2次，可显著降低植株高度，同时也使花朵颜色更加鲜艳，质地更加厚重，观赏性明显提高。

十四、 天竺葵

天竺葵又名石蜡红、洋绣球、洋葵等，为牻牛儿苗科牻牛儿苗属多年生草本。

天竺葵花色丰富艳丽，花球硕大，叶片四季常绿或多彩，叶片上的马蹄形花纹也极富观赏性，成花容易、花期长达数月。天竺葵可分为直立天竺葵和垂吊天竺葵两大类，直立天竺葵是盆栽花卉中的佼佼者，适用于家庭、广场、会场、花坛、花境；垂吊天竺葵品种花朵略小，有蔓生茎，着花密集，非常适宜悬挂种植，是首选阳台花卉之一。垂吊天竺葵还可造型成花柱，繁花累累的花柱设在路旁有着鲜明的立体花卉之感。

植物生长调节剂在天竺葵上的主要应用：

1. 促进种子萌发

天竺葵是花坛和盆栽植物的主要材料之一，但花坛栽植时要求植株高度的统一性，天竺葵通常通过扦插进行繁殖，扦插苗不能保证植株高度的统一，只能进行播种繁殖。用200mg/L赤霉酸浸泡30min可以显著提高天竺葵种子的发芽率和发芽指数。

2. 组织培养

取天竺葵（品种为“柠檬天竺葵”）的茎尖作为外植体，从生芽诱导培养基为MS+2.0mg/L苄氨基嘌呤+0.1mg/L萘乙酸，继代培养基为MS+1.0mg/L苄氨基嘌呤+0.1mg/L萘乙酸，生根培养基为1/2MS。另外，也可以叶片（品种为“豆蔻天竺葵”）为外植体，从生芽诱导培养基为MS+1.0mg/L苄氨基嘌呤+0.1mg/L萘乙酸，继代培养基为MS+1.0mg/L苄氨基嘌呤+0.1mg/L萘乙酸，生根培养基为MS+0.2mg/L萘乙酸。再者，还可以茎段（品种为“香叶天竺葵”）作为外植体，愈伤组织诱导培养基为MS+2.0mg/L苄氨基嘌呤+0.3mg/L萘乙酸，不定芽分化培养基为MS+2.0mg/L苄氨基嘌呤+0.3mg/L萘乙酸，生根培养基为1/2MS+0.5mg/L苄氨基嘌呤+0.7mg/L萘乙酸。

3. 促进扦插生根和壮苗

选取天竺葵12~14cm长的顶枝切段作为插穗，每枝留2~3片叶，在100mg/L萘乙酸或25mg/L吲哚丁酸溶液中浸泡30min，然后插于河沙基质，可提高生根率和生根数。另外，在秋、冬季节取天竺葵健壮顶芽全叶作为插穗（长约5~6cm，留5~6片）涂抹草木灰，阴干24h后将基部浸入100~200mg/L吲哚丁酸溶液8~10s再插于插花花泥，放入泡沫塑料穴盘浮于水面进行全光照扦插快繁，可明显促进生根，降低插穗腐烂率，并培育出健壮的扦插苗，提高移植缓苗成活率和长势。

4. 促进盆栽苗生长

对当年经扦插繁殖的盆栽天竺葵小苗，选生长健壮的植株，用50mg/L赤霉酸溶液喷洒在茎秆叶片上，每周处理1次，通常3~4次，可促使茎秆伸长生长。

5. 控制植株高度

天竺葵不耐高温及水湿，栽培中易发生新梢徒长、节间过长、叶片发黄、枝条下部光秃、株型较差等品质问题。在播种苗有5~6片叶、长势较好时用800mg/L多效唑溶液叶面喷施处理1次，可矮化植株，调整株型。对长势特旺、喷过后效果不太明显的，可补喷1次。

6. 促进开花

在天竺葵花芽分化之前用1500mg/L矮壮素溶液喷施茎叶处理，可加速花芽的发育，提前开花。另外，天竺葵花朵刚露色时用10～100mg/L烯效唑溶液叶面喷洒，可促进开花，使花朵增大、开花持久。

十五、 宿根福禄考

宿根福禄考又名天蓝绣球、锥花福禄考、草夹竹桃等，为花荵科福禄考属多年生草本。花开于茎顶，由许多长桶状小花组成一个大花球，花色绚丽娇艳，花姿优美动人，花期正值其他花卉开花较少的夏季，加之适应性强，具有抗寒、耐热等优势，宿根福禄考被广泛用于布置花坛、花境，丛植、盆栽、岩石园栽培，也可点缀于草坪中，是优良的庭院宿根花卉，也可用作盆栽观赏或切花材料。

植物生长调节剂在宿根福禄考上的主要应用：

1. 促进扦插生根

宿根福禄考多用嫩枝扦插繁殖，扦插时间从春季植株发芽到秋季生长停止均可进行。选择生长健壮、无病虫害的母株，剪取当年生或一年生半木质化嫩枝，剪成8～10cm长枝条作为插穗，下剪口距上边的侧芽约2cm，保留嫩枝顶端的4片叶，茎段保留最上边两片叶。用100mg/L吲哚丁酸溶液浸渍插穗基部3h，或者用100mg/L萘乙酸溶液浸渍插穗基部5h，均可促进生根和提高成活率。

2. 控制株型和提高观赏性

大部分宿根福禄考品种在一般栽培条件下株型较高、茎瘦，叶柄和花梗较长，易折断，且花朵较松散，影响整体的观赏性。对此一般采取摘心的方法来矮化植株，但这种方法费工较多，不适合大批量生产。在宿根福禄考（品种为“pan-01”）返青生长开始时用3000mg/L矮壮素溶液进行叶面喷施，可使植株株高适中，节间缩短，叶片增厚，且花序紧凑，提高观赏性。另外，用600mg/L多效唑溶液土壤浇灌宿根福禄考幼苗，不仅可促使株型明显矮化、株茎明显变粗，而且生长态势良好、抗倒伏能力增强。再者，在宿根福禄考（品种为“桃红”）幼苗快速生长前期土壤浇灌400～600mg/L多效唑溶液或在快速生长后期叶面喷施600～800mg/L多效唑溶液，均可有效矮化植株，使抗倒伏能力有所加强，植株生长良好，叶片饱满，花期延迟且成花率高，观赏价值提高。

十六、 宿根鸢尾

鸢尾属植物可大致分为宿根鸢尾和球根鸢尾，而德国鸢尾、西伯利亚鸢尾、马蔺、黄菖蒲等是宿根鸢尾中很常见的种类。大多数宿根鸢尾株型别致，花朵美丽、奇特，花色丰富，花期早，叶片碧绿青翠，适应性强，栽培管理简单，具有很高的观赏价值，可丛栽、盆栽或布置花坛，也可作为林缘或疏林下的花境栽植，是极好的观叶、观花植物，也是优良的切花材料。

植物生长调节剂在宿根鸢尾上的主要应用：

1. 打破种子休眠和促进萌发

很多宿根鸢尾的种子有休眠习性，种子采集后必须经过冷藏处理或低温处理才能够正常发芽。马蔺是鸢尾属植物中分布很广的园林植物，其植株低矮丛生，根系发达，花色独特，抗逆性强，在生态环境建设中有很高的观赏价值和良好的固沙、保水作用。用100mg/L赤霉酸溶液浸种2h，可显著打破马蔺种子休眠，提高发芽势和发芽率。又如，黄菖蒲是鸢尾属植物中既能湿生又能旱生的两栖植物，其叶片翠绿如剑，花朵如飞燕群飞起舞，靓丽无比，既可观叶亦可观花。用100mg/L赤霉酸溶液浸种24h可明显提高鸢尾种子发芽率，并且使种子萌芽期较为集中。

2. 组织培养

在宿根鸢尾（品种为“路易斯鸢尾”）初代培养过程中，以花瓣、花蕾和花轴等作为外植体，都能诱导形成愈伤组织，其中花轴的诱导率最高。花瓣诱导形成愈伤组织最优组合为MS+2.0mg/L苄氨基嘌呤+0.2mg/L萘乙酸+1.0mg/L激动素+2.5mg/L二氯苯氧乙酸，花蕾诱导形成愈伤组织的最优组合为MS+2.0mg/L苄氨基嘌呤+0.2mg/L萘乙酸+1.0mg/L激动素+2.5mg/L二氯苯氧乙酸，花轴诱导形成愈伤组织的最优组合为MS+2.0mg/L苄氨基嘌呤+0.2mg/L萘乙酸+1.0mg/L激动素+2.5mg/L二氯苯氧乙酸。利用花轴在初代培养获得的芽，转接到分化培养基上可得到无根苗，最优组合为MS+1.0mg/L苄氨基嘌呤+1.0mg/L玉米素+0.3mg/L吲哚丁酸。

3. 促进休眠芽萌发

德国鸢尾根茎上春、秋两季萌发新芽，并会在花后（即6~7月）形成隐芽，隐芽休眠至第2年春季萌发形成新的侧芽，继而形成新的根状茎。由于顶端优势，春季根茎上的休眠芽受到顶芽的抑制。用3000mg/L或5000mg/L苄氨基嘌呤溶液喷施德国鸢尾（品种为“Lovely Again”）植株，可解除隐芽的休眠，显著促进根茎芽的萌发和根状茎的形成。另外，用1000mg/L苄氨基嘌呤或750mg/L赤霉酸溶液喷施德国鸢尾（品种为“黑骑士”）植株根茎部，并在分株后30、60、90天时各再喷施1次，可有效提高新芽萌出率。

4. 矮化植株，提高观赏性

黄菖蒲在栽培应用中往往垂直生长量大，并出现叶片生长超出其应用高度和发生倒伏的现象，使得其观赏性下降。用500~700mg/L多效唑溶液喷施植株，每10天喷施1次，连续3次，可降低黄菖蒲株高和促进根系生长，并使花序分蘖增加，花色更为艳丽，提高观赏性。

十七、萱草

观赏用途的萱草为百合科萱草属多年生宿根草本，其植株健壮，根系肥大，花大色艳，叶形、叶姿、叶色优美，且抗旱、抗病虫能力强，栽培管理较为简单。观赏萱草的品种繁多，其中主要有大花萱草、金娃娃萱草、重瓣萱草、红宝石萱草等，而又以大花萱草最为常见，其花形秀丽典雅，花姿清雅孤秀，是一种优良的地被绿化及庭院观赏植物，多丛植或片植于花坛、花境、路旁，或作疏林地被及岩石园装饰，还可作切花。

植物生长调节剂在大花萱草上的主要应用：

1. 促进分蘖和侧芽萌发

大花萱草短缩茎上的侧芽和隐芽一般在花后分化形成，部分侧芽当年秋季即可萌发，继而形成新的根状茎，称之为分蘖。但由于顶端优势，一部分侧芽萌发可能受到顶芽的抑制，成为隐芽。在大花萱草（品种为“红运”）盛花之后的末花期用1000～1500mg/L苄氨基嘌呤、25mg/L多效唑溶液或二者的混合溶液叶面喷施植株，隔10天后再喷1次，可显著提高分蘖能力、促进侧枝萌发。另外，在大花萱草旺盛生长期，用10～20mg/L多效唑溶液土壤浇灌植株根部，可显著提高其分蘖数和促进侧芽萌发。

2. 矮化植株和提高观赏性

在大花萱草旺盛生长期，用80～100mg/L多效唑溶液叶面喷施植株，不仅能降低株高，使其株型紧凑、挺拔，还能显著抑制花莛的生长和增加花莛的粗度，使花色更艳，大大提高花期的观赏价值，并可有效防止花期后期花莛的倒伏。

3. 组织培养

在矮化大花萱草组织培养时，通常使用其幼嫩花梗作为外植体，芽分化培养基为：MS+2.0～3.0mg/L苄氨基嘌呤+0.2～0.3mg/L萘乙酸；继代培养基增殖培养基为：MS+1.0～2.0mg/L苄氨基嘌呤+0.1～0.2mg/L萘乙酸；生根培养基为：1/2 MS+0.2mg/L萘乙酸。

十八、薰衣草

薰衣草又称蓝香花、灵香草等，为唇形科薰衣草属多年生草本或半灌木植物。薰衣草叶形花色优美典雅，叶、茎、花全株浓香，香味浓郁而柔和，还有驱蚊蝇逐虫蚁的效能，具有较高的观赏价值和利用价值，在世界各地已被广泛应用于园林观赏、庭院绿化。薰衣草植物本身低矮，耐修剪，可作为花境、花丛、花带进行设计布置，也可用于公园、广场的花坛或者乔灌木的地被或草坪过渡的地带。另外，薰衣草开花的枝条可插入花瓶中欣赏，即使干燥的花也可用于花环或干花。

1. 促进种子萌发

用550mg/L赤霉酸溶液浸种4h，可显著提高法国薰衣草、小姑娘薰衣草、狭叶薰衣草3个薰衣草品种发芽率和发芽势。另外，用500mg/L赤霉酸溶液浸泡种子2h可不同程度地提高6个薰衣草品种（“孟士德”“希德”“维琴察”“莱文丝”“紫带”和“蓝神香”）的出苗率。用800mg/L赤霉酸溶液处理12h可提高薰衣草

（品种为“普罗旺斯”）的发芽率、发芽指数、活力指数、苗高和根长。

2. 组织培养

薰衣草的组织培养可以种子无菌萌发后的芽作为外植体，萌发培养基为MS+2.0mg/L苄氨基嘌呤，增殖培养基为MS+2.0mg/L苄氨基嘌呤，生根培养基为MS+1.0mg/L萘乙酸。另外，也可以幼嫩叶片作为外植体，愈伤组织诱导培养基为MS+0.1mg/L二氯苯氧乙酸+0.5mg/L苄氨基嘌呤，芽分化培养基为MS+2.0mg/L苄氨基嘌呤+0.5mg/L萘乙酸+1~10mg/L $Ce(NO_3)_2$，芽增殖培养基为MS+2.0mg/L萘乙酸+0.5mg/L苄氨基嘌呤+1.0mg/L吲哚乙酸，生根培养基为MS+2.0mg/L萘乙酸+0.5mg/L苄氨基嘌呤+1.0mg/L吲哚乙酸。

3. 促进扦插生根

选未现蕾开花、节间短、枝条粗壮、无病害、当年生半木质化的薰衣草枝条茎梢作为插穗，在春季或冬季进行扦插。扦插前用50mg/L吲哚丁酸溶液处理插穗3h或50mg/L萘乙酸溶液处理6h，可显著提高成活率、平均根长和生根数。

植物生长调节剂在球根花卉上的应用

球根花卉是指地下器官膨大形成球状或块状贮藏器官的多年生草本观赏植物。在不良环境条件下，球根花卉在植株地上部分茎叶枯死之前，地下部分的茎或根发生变态，并以地下球根的形式度过休眠期，至环境条件适宜时，再度生长并开花。根据地下贮藏器官的形态与功能通常将球根花卉分为：鳞茎类（如百合、郁金香、风信子等）、球茎类（如唐菖蒲、小苍兰、番红花等）、块茎类（马蹄莲、大岩桐、仙客来等）、根茎类（如球根鸢尾、美人蕉、荷花等）和块根类（大丽花、花毛茛等）。另外，也可根据球根花卉的栽培习性将其分为春植球根（如美人蕉、唐菖蒲、大丽花、晚香玉等）和秋植球根（如风信子、郁金香、百合等）。

球根花卉种类繁多，品种极为丰富，株型美观，花色艳丽，花期较长，且适应性强，栽培较为容易，加之种球贮运便利，因而在全球观赏植物产业占有举足轻重的地位。目前，全世界球根花卉的生产面积已达3万多公顷，普遍栽培的品种有郁金香、唐菖蒲、百合、风信子、水仙、球根鸢尾、石蒜等。在环境绿化和园林景观布置中，球根花卉广泛应用于花坛、花带、花境、地被和点缀草坪等，极富色彩美、季相美和层次美。球根花卉还是切花和盆花生产中的重要花卉类型，其中用于切花生产的球根花卉主要有百合、唐菖蒲、马蹄莲、小苍兰和晚香玉等，用于盆花生产的球根花卉主要有朱顶红、花毛茛、风信子、水仙和球根秋海棠等。

植物生长调节剂在球根花卉生产上的应用主要涉及促进繁殖、调控生长、调节花期、贮运保鲜等各个方面。以下简要介绍植物生长调节剂在球根花卉上的部分应用实例。

一、百合

百合为百合科百合属多年生球根草本花卉的总称，其地下部分由肉质鳞片抱合而成，故得名百合。百合品种繁多，目前用作观赏百合的商品栽培类型主要有东方百合系、亚洲百合系和麝香百合系。百合株型端直，花姿雅致，花朵硕大，叶片青翠娟秀，给人以洁白、纯雅之感，又寓有百年好合的吉祥之意，加之观花期长，既可花坛种植，也可盆栽观赏，同时也是世界著名切花之一。

植物生长调节剂在百合上的主要应用：

1. 打破鳞茎休眠和促进开花

百合鳞茎具有自发休眠的特性，生产中常出现种球发芽率低、发芽不整齐、切花质量较差等现象，而且存在花期集中、供花期短的问题。用50mg/L赤霉酸+100mg/L乙烯利+100mg/L激动素的混合溶液浸种24h处理冷藏的麝香百合（又名铁炮百合）鳞茎，能缩短冷藏时间，打破休眠，促进开花。另外，选取东方百合（品种为“Sorbonne”）种球于12月上旬定植，并在拔节初期用100～300mg/L赤霉酸、200～600mg/L乙烯利或200mg/L激动素溶液单独喷雾及其组合处理，均可使开花提前和提高开花的整齐度，其中以100mg/L赤霉酸+200mg/L乙烯利+100mg/L激动素的混合处理效果最佳。

2. 组织培养

百合的组织培养可以新鲜鳞片作为外植体，用MS+1.0mg/L萘乙酸+3%蔗糖或MS+0.1mg/L萘乙酸+0.5mg/L激动素+3%蔗糖作为鳞茎生长培养基，经此途径可大量增殖百合种球。另外，也有用MS+0.5mg/L苄氨基嘌呤+0.5mg/L萘乙酸作为鳞茎分化培养基，而用MS+1.0mg/L苄氨基嘌呤+0.1mg/L萘乙酸作为小鳞茎的增殖培养基。另外，也可以叶片（品种为“新普百合”）为外植体，不定芽诱导培养基为LS（即Linsmaier和Skoog培养基）+0.5mg/L萘乙酸+1.0mg/L苄氨基嘌呤，增殖培养基为LS+0.2mg/L萘乙酸+0.5mg/L苄氨基嘌呤，生根培养基为LS+0.1mg/L萘乙酸+5mg/L活性炭。再者，还可以子房（品种为“大百合”）作为外植体，愈伤组织诱导培养基为N_6或B_5+0.5mg/L苄氨基嘌呤+0.5mg/L萘乙酸、B_5+0.5mg/L激动素+0.5mg/L萘乙酸，不定芽诱导培养基为N_6或B_5+2.0mg/L苄氨基嘌呤+0.5mg/L萘乙酸、B_5+2.0mg/L激动素+0.5mg/L萘乙酸，鳞茎分化培养基为MS+0.1～0.5mg/L萘乙酸+2.5mg/L苄氨基嘌呤+2.5mg/L激动素+10%蔗糖，生根培养基为1/2MS+1%活性炭。

3. 促进扦插生根

百合通常用地下茎节上生的小鳞茎进行培育。如大量繁殖，也可用大鳞茎上的鳞片进行扦插。扦插时，切取外形成熟饱满的鳞片，用100mg/L赤霉酸、150mg/L萘乙酸或150mg/L吲哚丁酸溶液浸泡5h处理，有利于亚洲百合（品种为“精粹”）的鳞片产生小鳞茎，小鳞茎发生率高达100%。另外，经100mg/L赤霉酸、300mg/L 萘乙酸或 300mg/L 吲哚丁酸溶液处理后，兰州百合小鳞茎重量明显增加。再者，淡黄花百合鳞片扦插前用 50mg/L 萘乙酸溶液浸泡鳞片 12h 处理，可促进扦插成活和壮苗。

4. 控制植株高度和提高观赏性

用 20～40mg/L 烯效唑溶液浸泡百合种球 1h，可使其株型明显矮化，且茎秆粗壮，叶片缩短，叶宽增大，叶片增厚，显著提高盆栽百合的观赏价值。也可在盆栽百合株高 6～7cm 时，用 6000mg/L 矮壮素溶液浇灌，每盆 200mL，可使株型矮化，控制徒长，使开花植株高度达到商品规格。另外，在黄百合长至株高 15～20cm 时，用 50～100mg/L 多效唑溶液灌心处理（15mL/株），1 周后重复 1 次，可使植株显著矮化，叶色深绿，花形完好。再者，用 200～600μmol/L 茉莉酸甲酯均匀喷施东方百合（品种为“西伯利亚”）花瓣后，可明显增加花香挥发物和促进花香释放。

5. 调节植物的生长与开花

在麝香百合营养生长旺盛期，用 200mg/L 赤霉酸溶液进行叶面喷施，对株高和花苞长度有显著的促进作用，从而提高切花品质。另外，刚收获的麝香百合鳞茎处于休眠状态，为此可用 2500mg/L 赤霉酸处理后置于 21℃下贮藏 42 天，可提前约 10 天发芽开花。

6. 切花保鲜

用 3% 蔗糖 +250mg/L 8-羟基喹啉柠檬酸盐 +120mg/L 赤霉酸的预措液对东方百合（品种为“Sorbonne”）预处理 12h，可延长其瓶插寿命，增加花枝鲜重，并对百合切花叶片有较好的保绿效果。另外，麝香百合的瓶插保鲜可直接插于 5% 蔗糖 + 50mg/L 8-羟基喹啉 + 150mg/L 柠檬酸 + 10mg/L 苄氨基嘌呤、2% 蔗糖 + 200mg/L 8-羟基喹啉 +300mg/L 柠檬酸 +90mg/L 苄氨基嘌呤 +100mg/L 赤霉酸等保鲜液中。再者，用 10μL/L 1-甲基环丙烯密封处理东方百合（品种为“西伯利亚”）6h，可明显延缓其外观品质劣变，并延长其瓶插寿命。

二、 大丽花

大丽花又名大理花、大丽菊、天竺牡丹、洋芍药等，为菊科大丽花属多年生球根草本花卉，其花姿优美，花形多样，色彩绚丽，花期长，品种繁多，各品种高矮差异较大，既可盆栽，又可露地栽植，是栽种十分广泛的观花植物，在园林景观配置时常用于布置花坛、花境或盆栽、庭院栽植。

植物生长调节剂在大丽花上的主要应用：

1. 促进扦插生根

大丽花传统上多采用块根繁殖，但由于块根少，有些块根无茎芽而不能发芽，现在生产上多用扦插法繁育大丽花苗。取大丽花带有健壮顶芽和成熟叶片的嫩枝，剪成长约 10cm 的插穗，插前用 50mg/L 吲哚丁酸溶液浸泡基部 4h，可提高扦插成活率。另外，扦插前将大丽花（品种为“粉西施”）插穗在50mg/L萘乙酸溶液中速蘸10s，可加快生根和提高生根率。

2. 组织培养

大丽花组织培养和离体快繁常采用顶芽和带腋芽茎段作为外植体，适合刚萌动腋芽生长和分化的配方是MS+1.0mg/L苄氨基嘌呤+0.2mg/L萘乙酸，适合叶片分化不定芽的配方是MS+3.0mg/L苄氨基嘌呤+0.1mg/L萘乙酸。另外，也可以用大丽花的种子、嫩芽及开花茎段作外植体，接种在MS+0.5mg/L苄氨基嘌呤+0.2mg/L萘乙酸培养基上，用MS+1.0mg/L苄氨基嘌呤+0.2mg/L萘乙酸+0.1mg/L丁酰肼作为增殖培养基，用1/2MS+0.1mg/L萘乙酸作为生根培养基。

3. 矮化盆栽植株和提高观赏性

大丽花品种多为高生型，易出现倒伏折茎现象，适于盆栽的矮生型大丽花品种较少。为此，在大丽花（品种为“荼花”）定植后约10天，用15mg/L烯效唑或20mg/L烯效唑+20mg/L甲哌鎓悬浮剂进行叶面喷施处理1～2次，可使大丽花株型变矮、节间缩短，叶片肥厚、浓绿并具有光泽，无脱脚现象，改善盆栽大丽花的观赏性。另外，在盆栽大丽花幼苗期用400mg/L丁酰肼溶液或100mg/L多效唑溶液喷施植株，可控制植株高度，改善株型，并使枝条生长粗壮，花期一致，从而达到矮化和美化的目的。再者，在大丽花高生品种“大金红”和“陇上雄鹰”株高20cm时，用3000mg/L矮壮素溶液进行1次叶面喷施，可使二者植株矮化，茎秆增粗，花朵直径增加，有效改善大丽花观赏价值。

三、 大岩桐

大岩桐又名落雪泥，为苦苣苔科大岩桐属多年生球根草本花卉，花冠宽阔，花形奇特，花色丰富艳丽，有丝绒感，是一种极好的盆栽观花植物。其花朵典雅高贵，花色新奇艳丽，是中高档盆花中不可多得的花卉品种，深受人们喜爱。花色鲜艳，花型有单瓣、重瓣之分，花色丰富，颜色有红、粉红、白、蓝、紫及双色等，配合镶边和斑点的变化，姿态万千，优雅迷人，雍容华贵。

植物生长调节剂在大岩桐上的主要应用：

1. 促进扦插生根

大岩桐叶片扦插繁殖时，用250～300mg/L吲哚丁酸速蘸组织培养移栽成活的大岩桐离体叶柄基部，然后扦插于河砂基质或河砂与泥炭混合基质（体积比为1∶1）中可促进生根和成活。

2. 组织培养

重瓣大岩桐不易产生种子，采用组织培养技术进行工厂化育苗不但可以保持母本优良特性，同时在短期可以获得大量苗木。初始培养外植体采用幼嫩叶片，培养基为MS培养基；继代培养培养基选择MS+2.0mg/L苄氨基嘌呤+0.02mg/L萘乙酸+0.5mg/L二氯苯氧乙酸诱导愈伤组织；选择MS+2.0mg/L苄氨基嘌呤+

0.2mg/L 萘乙酸、MS + 1.5mg/L 苄氨基嘌呤 + 0.2mg/L 萘乙酸增殖培养；选用 1/2MS + 1.0mg/L 吲哚丁酸 + 0.5% 活性炭进行生根培养。另外，适宜诱导大岩桐试管内花芽分化的培养基为：WPM（木本植物培养基） + 0.3mg/L 苄氨基嘌呤 + 0.2mg/L 萘乙酸 + 40mg/L 蔗糖 + 9 g/L 琼脂。

3. 控制盆栽植株高度

当大岩桐植株上盆 10 ~ 14 天或第一对叶片伸展到盆沿时，使用 1250mg/L 丁酰肼溶液喷洒叶片，以防止主茎或叶柄过分伸长，影响株型美观。如果需要，可以在 7 ~ 10 天后对在弱光条件下的标准型品种系列施用第二次 1250mg/L 丁酰肼溶液。另外，也可用 2500mg/L 丁酰肼溶液土壤浇灌大岩桐根部，可缩短株高，并延迟开花。

四、 地涌金莲

地涌金莲又名千瓣莲花、地莲花、地金莲等，为芭蕉科地涌金莲属，具根状茎，为多年生大型丛生草本。其苞片颜色金黄，由外到内层层展开，尚未展开的苞片则紧紧相裹，犹如盛开的莲花里端坐着的一个圣子。在假茎的叶腋中也能开出众多的小花朵，形成“众星捧月”的奇观，极具观赏价值，观赏期长达半年以上，多用于园林造景，也可作盆花。

植物生长调节剂在地涌金莲上的主要应用：

1. 促进植株生长

地涌金莲（品种为“佛乐”）1 年生组培苗定植后，每 15 天喷施 1 次 200mg/L 吲哚乙酸 + 300mg/L 苄氨基嘌呤的混合溶液，对地涌金莲植株的生长具有良好的协同促进效果，并显著提高其假茎的直径。

2. 矮化盆栽植株和提高观赏性

地涌金莲成年植株可高达 2m，株型较大，为满足不同消费群体需要的室内盆栽观赏植物，须对其进行矮化处理。将地涌金莲种子用浓硫酸溶液处理 10min 后充分洗净，然后浸于 40mg/L 多效唑或 8mg/L 烯效唑溶液中处理 24h，可有效降低植株高度。另外，用 175mg/L 烯效唑每间隔 30 天对地涌金莲幼苗进行灌根处理，可达到较为理想的矮化效果，使株型更紧凑，提高其观赏性。

3. 组织培养

通常采用地涌金莲侧芽作为外植体，诱导培养基为 MS + 1.0mg/L 苄氨基嘌呤 + 0.1mg/L 萘乙酸，增殖培养基为 MS + 3.0mg/L 激动素 + 2.0mg/L 苄氨基嘌呤 + 0.2mg/L 萘乙酸，生根诱导培养基为 MS + 2.5mg/L 萘乙酸 + 2.0mg/L 苄氨基嘌呤 + 0.3% 活性炭。

五、 风信子

风信子又名五色水仙、洋水仙，为风信子科风信子属多年生鳞茎类花卉，其花色鲜艳，花序端庄，株型雅致，在光洁鲜嫩的绿叶衬托下，恬静典雅，是早春开花的著名球根花卉之一，也是重要的盆花种类，可广泛用于庭园布置、盆栽、水养或切花观赏等。

植物生长调节剂在风信子上的主要应用：

1. 打破种子休眠和促进萌发

将风信子（品种为“粉珍珠”）自然结实的种子用自来水在室温下浸泡24h，然后再用10mg/L赤霉酸溶液浸泡72h，可促进萌发和提高种子发芽率。

2. 促进鳞片扦插繁殖

在风信子（品种为“安娜玛丽”）鳞片扦插时，将消毒后的种球鳞片用0.5mg/L吲哚乙酸或1.0mg/L萘乙酸溶液浸泡30min，然后扦插在珍珠岩:泥炭=1:1的基质中，可显著促进小鳞茎的形成和生长，表现为有助于小鳞茎数量和重量的增加。

3. 促进植株生长发育和延长花期

在风信子（品种为“Blue Jacket”）株高约5cm时第1次叶面喷施100mg/L赤霉酸溶液，之后每隔7天喷施1次，可促进植株生长发育，株高、叶长、叶片厚度、单叶面积、小花直径、花序长度和花莛高度均明显增加，且现蕾时间提前5天，花期延长4天。另外，在风信子“白珍珠”和“蓝星”两个品种现蕾时，第1次叶面喷施50mg/L苄氨基嘌呤溶液，之后每隔7天喷施1次，共喷施3次，可增加二者的株高、叶长和叶面积，花期延长4~5天。

4. 矮化植株和提高观赏性

将风信子种球以水培方式培养，在避光暗处理5天后，用200mg/L多效唑溶液喷施幼苗，1天喷2次，连续喷3天，可使水培风信子矮化，并明显提高观赏性。水培过程中施加20~50mg/L水杨酸可有效延缓风信子的衰老，改善其观赏品质。另外，风信子品种“蓝夹克”，在栽植第40天（植株高度大约为5cm）时开始叶面喷施100mg/L多效唑溶液，第1次喷施之后每隔7天喷施1次，共喷施4次，使植株适量矮化、叶面积适度减小，植株更紧凑，叶片厚度增加，将现蕾时间推迟4天，并延长花期4天，明显提高观赏价值。

六、 荷兰鸢尾

荷兰鸢尾为鸢尾科鸢尾属的球根花卉，是以西班牙鸢尾与丁吉鸢尾杂交培育而成的园艺品种，其株型别致，姿态优美，花莛直立，花形独特，如鸢似蝶，花茎直立，花色有蓝色、白色、黄色等，叶片青翠碧绿，似剑若带，是一种理想的切花材料。

植物生长调节剂在荷兰鸢尾上的主要应用：

1. 打破种球休眠，提早开花

在室温条件下贮藏的荷兰鸢尾（品种为“展翅”，深蓝色）种球，6~9月上旬都处于休眠状态。用1000mg/L乙烯利溶液浸泡4h，接着再用100mg/L赤霉酸溶液浸泡处理24h，然后再用8～10℃低温处理40天，可使荷兰鸢尾提前112天开花。另外，在9月中旬荷兰鸢尾休眠自然解除后，用100mg/L赤霉酸溶液浸泡处理24h，然后再用8～10℃低温处理40天，可使荷兰鸢尾提前52天开花。

2. 组织培养

取荷兰鸢尾鳞茎不同部位外植体块，接种于附加不同激素配比的基本培养基上。其中取自鳞茎基部的外植体块（2mm×2mm×2mm），用MS+1.0mg/L苄氨基嘌呤+0.2mg/L萘乙酸诱导不定芽分化；增殖培养时用MS+2.0mg/L苄氨基嘌呤+0.2mg/L萘乙酸作为培养基。不定芽直径4～5mm，用MS+0.2mg/L苄氨基嘌呤+0.5mg/L萘乙酸作为培养基，有利于不定根发生，诱导生根率在80%以上。另外，也可以球茎作为外植体，球茎萌芽培养基为MS+2.0～3.0mg/L苄氨基嘌呤+0.2～0.3mg/L萘乙酸，丛生芽形成培养基为MS+4.0mg/L苄氨基嘌呤+0.2mg/L萘乙酸，生根培养基为MS+1.0mg/L吲哚丁酸。

3. 切花保鲜

将预冷的荷兰鸢尾（品种为“罗萨里奥”）直接瓶插于5%蔗糖+300mg/L 8-羟基喹啉柠檬酸盐+50mg/L矮壮素+10mg/L苄氨基嘌呤的瓶插液中，可有效延长瓶插寿命，并延缓花瓣褪色、叶片黄化等现象的发生。

七、 姜荷花

姜荷花为姜科姜荷属多年生草本热带球根花卉，因其粉红色的苞片酷似荷花而得名，又因其外形似郁金香，故又有“热带郁金香”的别称。姜荷花具有优美的花姿、娇艳的花色，很受消费者欢迎，是目前国际上十分流行的新兴切花品种。另外，姜荷花花期正值炎热的夏季，可弥补我国南方各地夏季切花种类及产量的不足。

植物生长调节剂在姜荷花上的主要应用：

1. 促进种球繁育

在姜荷花花谢后用0.50mmol/L茉莉酸甲酯或0.25mmol/L萘乙酸溶液喷施植株叶片，间隔30天后再喷施1次，可增加种球数量、种球直径大小及贮藏根数量，有效促进姜荷花种球繁育。

2. 控制盆栽植株高度

目前姜荷花大多数品种为切花类型，而用于盆栽的品种相对较少。其中主要商业品种“清迈粉”的花茎相对细长、易倒伏，且株型相对发散、叶片下垂。为此，用300mg/L多效唑或50～150mg/L烯效唑溶液对姜荷花“清迈粉”小苗根部进行浇灌处理（浇灌量以200mL/株），可使花茎和植株明显矮化，并增加分蘖。

3. 切花保鲜

姜荷花（品种为“清迈粉”）切花贮运前经4μL/L 1-甲基环丙烯熏蒸24h，可显著延缓切花衰老及鲜重损失，对姜荷花切花常温贮运有良好的保鲜效果。

4. 防寒抗冻

姜荷花种球用1.0mg/L诱抗素或0.08mg/L苄氨基嘌呤溶液浸泡24h可增强种球的抗寒性。

八、马蹄莲

马蹄莲为天南星科马蹄莲属球根花卉，地下部分具肉质块茎，并容易分蘖形成丛生植物，叶为箭形盾状，花为佛焰花序，被白、红、橘红、橙黄、粉或红黄等大型佛焰苞包在里面。马蹄莲品种繁多，常见的栽培品种主要有白色马蹄莲以及彩色马蹄莲两类。马蹄莲佛焰苞硕大，宛如马蹄，形状奇特，叶片翠绿，观赏价值高，可露地土栽、室内盆栽或切花观赏，是国内外重要的花卉品种之一。

植物生长调节剂在马蹄莲上的主要应用：

1. 打破种球休眠和促进开花

将彩色马蹄莲（品种为“粉色信服”）种球用100mg/L赤霉酸溶液浸泡30min左右，捞出晾干后种植，可有效解除其种球休眠，促进其发芽和开花。另外，在定植前用250mg/L赤霉酸+20mg/L苄氨基嘌呤的混合溶液浸泡彩色马蹄莲种球10min，可明显促进其花芽分化和提高开花率，并使花茎增长、花朵直径增加。

2. 组织培养

以彩色马蹄莲块茎芽或芽眼为外植体，在MS+1.0~2.0mg/L苄氨基嘌呤+0.1mg/L萘乙酸培养基上有利于丛芽和愈伤组织的诱导，生根适宜的培养基为MS+0.3mg/L萘乙酸+0.2mg/L吲哚乙酸。另外，也可剥取茎尖接种于初代诱导培养基MS+1mg/L苄氨基嘌呤+0.1mg/L萘乙酸，然后将初代培养成的单苗接入增殖培养基MS+0.5mg/L苄氨基嘌呤+2mg/L噻苯隆，并在生根培养基为MS+0.5mg/L萘乙酸+5%活性炭中生根。另外，还可取带芽块茎作为外植体，块茎芽诱导培养基为1/2MS+1.2mg/L苄氨基嘌呤，丛生芽增殖培养基为1/2MS+1.5mg/L苄氨基嘌呤+0.1mg/L吲哚丁酸，生根培养基为1/2MS+0.3mg/L吲哚丁酸。

3. 盆栽马蹄莲矮化，提高观赏性

盆栽马蹄莲生产，若使用国产种球，正常生长高度较高，需使用生长延缓剂控制生长，以达到用户对株高的要求。常用的方法是使用多效唑、烯效唑根部浇灌或叶面喷雾，一般在小苗越小时使用，控制强度越强。在马蹄莲矮化处理中，用浓度为50mg/L多效唑浸泡种球24h可明显促使马蹄莲的植株矮化，茎秆粗壮，叶片增厚，色泽加深，叶片长宽比降低，观赏价值提高。另外，在彩色马蹄莲长出5cm芽时浇灌200mg/L多效唑，待盆栽展叶约5天后对叶面喷施300mg/L多效唑，可使株高降低、茎粗增加，且花径明显增大、花期延长、叶绿素增加。再者，用200mg/L甲哌鎓灌根可有效矮化马蹄莲、防止花茎倒伏，且花期推迟7~11天。

九、 美人蕉

美人蕉又名小花美人蕉、红蕉昙花、红艳蕉、兰蕉等，为美人蕉科美人蕉属多年生大型草本，具肉质状根茎。因其叶似芭蕉，花大色艳而得名。美人蕉品种繁多，其花色有黄、粉、大红、红黄相间等色，并具有各种条纹和斑点；其叶片翠绿繁茂，对氯气及二氧化硫有一定抗性。美人蕉园林用途广泛，可作花境的背景或在花坛中心栽植，可成丛状或带状种植在林缘、草坪边缘或台阶两旁，也可用于盆栽作街头摆花图案的主景，在开阔式绿地内大面积种植更能体现其独到之美，具有“花坛皇后”的美誉。

植物生长调节剂在美人蕉上的主要应用：

1. 促进种子萌发

美人蕉种子先用98%浓硫酸溶液浸种2h，再在流水下冲洗硫酸处理之后，用200mg/L萘乙酸溶液浸种24h，可明显促进种子萌发。

2. 组织培养和快速繁殖

以美人蕉茎尖为外植体进行快速繁殖，在MS＋2.0mg/L吲哚丁酸＋0.2mg/L萘乙酸的培养基上培养得到愈伤组织，此愈伤组织可在MS＋5.0mg/L吲哚丁酸＋1.0mg/L萘乙酸的培养基上分化出不定芽；然后在MS＋5.0mg/L吲哚丁酸的培养基上接种茎尖直接发育成无根新梢。最后在1/2 MS＋0.5mg/L萘乙酸的培养基中，无根苗可长成完整植株。在苗高6～8cm时可出瓶移栽，成活率较高。另外，可以大花美人蕉茎尖为外植体，诱导培养基为MS＋8.0mg/L苄氨基嘌呤＋0.03mg/L噻苯隆＋0.1mg/L萘乙酸，增殖培养基为MS＋3.0mg/L苄氨基嘌呤＋0.03mg/L噻苯隆＋0.1mg/L萘乙酸，生根培养基为MS＋1.0mg/L苄氨基嘌呤＋0.5mg/L萘乙酸。

3. 促进植株生长

美人蕉根茎用300mg/L吲哚丁酸或30mg/L苄氨基嘌呤溶液浸泡1.5h后种植，可促进植株生长，出芽数、株高和芽高均高于未处理植株。

4. 矮化植株和提高观赏性

开春后或夏季再生期间，当大花美人蕉长出1～2片叶时，用200～400mg/L多效唑或50～100mg/L烯效唑溶液喷施植株，可降低株高，增强抗倒伏能力，延长花期，增加观赏性。

十、 水仙

水仙别名中国水仙、雅蒜、天葱等，为石蒜科水仙属多年生球根花卉，是我国传统十大名花之一，素有“凌波仙子”的美称。其花幽香淡雅，盛开于元旦和春节期间，在花语上有“吉祥如意”的寓意，盆栽、水养观赏对烘托节日气氛有很好的效果，是冬、春重要的时令花卉。

植物生长调节剂在水仙上的主要应用：

1. 矮化水养植株和提高观赏性

水仙一般都采用清水培养观赏，但常常出现茎叶徒长、易倒伏等现象，影响植株的整体造型和观赏效果。用 20 ~ 40mg/L 多效唑溶液处理浸泡水仙（品种为“金盏银台”）鳞茎 24 ~ 72h 后用清水浸泡，以后每 1 ~ 2 天换一次水，可使水仙株型紧凑、高度适宜、花莛粗壮、叶片浓绿厚实，且不同程度地推迟始花期、延长开花时间和使花径明显增大。另外，也可用 5 ~ 15mg/L 多效唑溶液培养水仙鳞茎，可使株型矮壮，叶片浓绿，根系发达，花大且花期明显延长，观赏价值提高。

2. 促进盆栽植株开花

盆栽水仙用 1000 ~ 2000mg/L 乙烯利溶液浇灌栽培的土壤，连续 3 次，可促使提前开花。另外，也可用赤霉酸注射水仙种球的做法促进开花，每球注射 50mg 可促使提前开花。

十一、 唐菖蒲

唐菖蒲又名菖兰、剑兰、十样锦，是鸢尾科唐菖蒲属多年生球根花卉，其叶形似菖蒲且挺拔如剑，其花形变化多姿，花色五彩缤纷，花瓣如薄绢，花梗长且挺直，小花排成蝎尾状多达 20 余朵，花期又长，非常适宜作切花使用，为世界“四大切花”之一。

植物生长调节剂在唐菖蒲上的主要应用：

1. 打破休眠，促进发芽

用 10 ~ 50mg/L 苄氨基嘌呤溶液于定植前浸球根 24h 处理，可提早发芽。另外，用 1000mg/L 乙烯利溶液喷洒唐菖蒲鳞茎也可打破种球的休眠，并促其提早发芽。

2. 促进籽球发育

在唐菖蒲（品种为“超级玫瑰”）种植前用 100mg/L 吲哚乙酸溶液浸泡 4h，然后再定植 45 天后用同样溶液叶面喷施处理，可促进籽球数量增多、直径增大，提高新球品质。

3. 组织培养

唐菖蒲长期采用籽球营养繁殖，易积累病毒，致使品质退化，因此须定期用组织培养方法，培育出脱毒复壮的新籽球作繁殖母球。常采用花瓣脱毒繁殖唐菖蒲种苗，取花蕾长度 2 ~ 4cm 的花苞，剥去绿色叶鞘，将花蕾逐个摘下，消毒后将花瓣切割成 0.5cm 见方的小块接种在培养基上。诱导培养基为 MS + 3 ~ 5mg/L 苄氨基嘌呤 + 0.05 ~ 0.1mg/L 萘乙酸；继代培养基为 MS + 3 ~ 5mg/L 苄氨基嘌呤 + 0.3mg/L 萘乙酸，生根结球培养基为 1/2MS + 0.1mg/L 苄氨基嘌呤 + 0.05 ~ 0.1mg/L 萘乙酸 + 2.5% 活性炭。组培获得的试管苗，经病毒检测确定为脱毒苗后，需扩繁建立脱毒无性系。把脱毒无性系获得的试管种球作为原种球。原种球在设有防虫网、远离再感染病毒的优良栽培条件下，进行 2 ~ 3 代扩繁，即可获得生产用种球。

另外，也可将籽球切片作为外植体，诱导不定芽培养基为MS+0.6mg/L二氯苯氧乙酸+1.1mg/L苄氨基嘌呤+1.5mg/L硝酸银，生根培养基为MS+0.5mg/L吲哚丁酸。其次，还可以花序基部的花茎段作为外植体，愈伤组织及不定芽诱导培养基为MS+2mg/L苄氨基嘌呤+0.4mg/L吲哚丁酸，生根培养基为MS+0.5mg/L吲哚丁酸。再者，还可以叶片作为外植体，丛生芽诱导培养基为MS+0.2mg/L苄氨基嘌呤+1.0mg/L萘乙酸，MS+2.0mg/L苄氨基嘌呤+0.1mg/L萘乙酸，增殖培养基为MS+0.5mg/L苄氨基嘌呤+1.5mg/L萘乙酸，生根培养基为1/2MS+0.5mg/L萘乙酸+5.0mg/L多效唑。

4. 促进开花

唐菖蒲（品种为"江山美人"）定植前用40mg/L赤霉酸+20mg/L苄氨基嘌呤的混合溶液浸泡种球10min，可促进植株开花，有效提升切花质量等级。另外，在唐菖蒲球茎播种后，用800mg/L矮壮素溶液淋洒球茎周围的土壤，第1次在种植后立即使用，第2次在4周后，第3次在7周后使用，可以使唐菖蒲的株型矮壮，提早开花，并能够增加每穗的开花数。

5. 切花保鲜

唐菖蒲（品种为"粉秀"）切花用50mg/L赤霉酸预措液预处理20h后，再瓶插于含3%蔗糖的瓶插液中，可有效延长切花的瓶插寿命，提高观赏品质。另外，用30mg/L激动素预处理24h唐菖蒲切花（品种为"粉秀"）后，再插于含3%蔗糖+30mg/L苄氨基嘌呤的瓶插液中，可有效延长切花瓶插寿命，增加切花鲜重和开花率。再者，唐菖蒲切花可直接插入含4%蔗糖+300mg/L 8-羟基喹啉+150mg/L硼酸+20mg/L苄氨基嘌呤+200mg/L丁酰肼、3%蔗糖+30mg/L激动素等的瓶插液中。

十二、晚香玉

晚香玉又名夜来香、月下香、玉簪花，为石蒜科晚香玉属多年生球根草本，其花茎粗壮直立，穗状花序，每个花序可开数朵花，花成对着生，由下至上递次开放，花朵洁白质厚似玉雕，香味浓郁，入夜香味更浓，花期长，在园林绿化中常用来布置花境、花台、花丛，既可盆栽也可作切花生产，是极好的花坛及切花材料。

植物生长调节剂在晚香玉上的主要应用：

1. 打破休眠，促进萌发

晚香玉在热带地区无休眠期，一年四季均可开花，而在其他地区冬季落叶休眠。用100~200mg/L赤霉酸溶液浸泡处理晚香玉的休眠球根24h，可促进萌发，加速发芽。

2. 矮化盆栽植株和提高观赏性

目前晚香玉品种和类型主要用于切花生产，往往花莛较长、植株较高。盆栽晚香玉时用300～400mg/L多效唑溶液进行叶面喷施处理，萌芽后每半个月再喷1次，可使其株型矮化、紧凑，叶片变短，整体整齐匀称，更适于盆栽观赏。

盆栽晚香玉时用300～400mg/L多效唑和450～600mg/L乙烯利是矮化晚香玉的最佳处理组合，适用于批量盆栽。叶喷多效唑的矮化作用最明显，且浓度越高，植株越矮，叶片也越短，还能使花期明显推迟，但高浓度处理时会使晚香玉花朵变小。高浓度的多效唑灌根能提前花期，并且不影响花朵的大小。叶喷乙烯利可使晚香玉花朵增大，延迟花期。

3. 切花保鲜

用50～200mg/L苄氨基嘌呤溶液喷施花序，可延长晚香玉切花的瓶插寿命，并可减少顶端小花蕾的黄化。晚香玉切花瓶插于含1.2%蔗糖+60mg/L苄氨基嘌呤+400mg/L 8-羟基喹啉柠檬酸盐+100mg/L酒石酸的保鲜液中，可促进花序上小花开放，且使瓶插寿命比未处理的延长6天。

十三、仙客来

仙客来又名兔子花、兔耳花、一品冠等，为报春花科仙客来属块茎类花卉，因其叶形奇特、花形别致、花色艳丽、花期长而备受人们的喜爱，是世界花卉市场的十大畅销盆花之一。尤其是在元旦、春节等重大节日开花，更弥足珍贵。

植物生长调节剂在仙客来上的主要应用：

1. 打破休眠，促进萌发

种子繁殖是仙客来的常规繁殖方法，但其种子正常播种的萌发率不高，且萌发时间长达30～50天。将休眠的仙客来种球先浸入0.1%高锰酸钾溶液中消毒10min，再放入5～10mg/L赤霉酸溶液中浸泡15min，取出晾干后重新栽入盆中，可解除休眠，促进萌发。另外，采用20mg/L吲哚丁酸、25mg/L吲哚乙酸或17mg/L萘乙酸溶液等浸泡处理仙客来种子6h，发芽率可比未处理的提高近2倍。

2. 促进开花

在盆栽仙客来（品种为“皱边玫瑰”）花芽初露、花蕾尚未膨大时，用20mg/L赤霉酸溶液滴入花蕾部位及球根上植株，使花梗及幼蕾达到湿润为止，可使盆花提早约30天开花，而且能使仙客来的株高和花茎高度适宜、花数增多、花径增大。其次，用100mg/L苄氨基嘌呤溶液在9月中、下旬喷施仙客来花蕾部分，可使其在年末同时开花。另外，在9、10月份用1～50mg/L赤霉酸溶液喷洒仙客来生长点，可促进花梗伸长和植株开花。在仙客来花梗长到约2cm时，用10mg/L赤霉酸药液均匀涂抹花梗，15天后再处理一次，也可使花梗显著伸长。再者，用100mg/L苄氨基嘌呤+8mg/L萘乙酸的混合溶液喷施仙客来的叶片和花梗部，可促进花芽的分化，使花蕾数量明显增加。

十四、小苍兰

小苍兰又名香雪兰、洋晚香玉等，为鸢尾科小苍兰属多年生球根类花卉，其观赏栽培的园艺品种非常丰富，且花姿优美、玲珑清秀、花形秀丽、花色丰富素雅，香气清幽似兰，开花期又长，广泛用于城市绿化、节日装饰、家庭盆栽、切花欣赏等。

植物生长调节剂在小苍兰上的主要应用：

1. 打破休眠、促进萌发

用10～40mg/L苄氨基嘌呤溶液浸泡小苍兰球茎12～24h，可打破休眠，促进萌发。另外，小苍兰在30℃贮藏期间（2～8周），用0.75μL/L乙烯每天处理6h，持续1～3天，也可促进萌发。

2. 矮化盆栽植株

用60mg/L多效唑溶液浸泡小苍兰（品种为“上农金黄后”）种球10h或用120mg/L多效唑溶液浸泡种球5h，可使植株株高降低、株型挺拔、叶片缩短，花梗变短、花朵秀丽，有利于小苍兰盆花的优质生产。另外，用150mg/L多效唑溶液对小苍兰（品种为“香玫”）球茎进行播前浸泡12h处理，也可有效降低植株高度和花序长度，对株型控制效果明显。

3. 促进开花

用5mg/L乙烯利溶液浸泡小苍兰种球24h，在室温贮存一个月后，再用10～30mg/L赤霉酸浸泡24h，在10～12℃下贮存45天后播种。这种处理方法可以使小苍兰提前3个月开花。另外，也可在小苍兰种球低温处理前，用10～40mg/L赤霉酸溶液浸泡24h，可提前40天左右开花。

4. 切花保鲜

小苍兰切花对乙烯敏感，且在水养瓶插过程中往往有20%～30%小花不能开放或畸形。用20%蔗糖+200mg/L 8-羟基喹啉+0.2mmol/L硫代硫酸银+0.5mmol/L苄氨基嘌呤、10%蔗糖+1.0mmol/L苄氨基嘌呤+250mg/L 8-羟基喹啉等预措液预处理，可显著提高开放率，并延长瓶插寿命。另外，对小苍兰切花的瓶插保鲜，也可将切花直接插于含5%蔗糖+300mg/L 8-羟基喹啉柠檬酸盐+50mg/L激动素等的瓶插液中。

十五、小丽花

小丽花又名小丽菊、小理花等，为菊科大丽花属多年生球根草本，具纺锤状肉质块根。小丽花形态与大丽花相似，是大丽花矮生类型品种群，其植株较为低矮，花色艳丽、丰富，有深红、紫红、粉红、黄、白等多种颜色，花形富于变化，并有单瓣与重瓣之分，花期又长，是一种优良的地被植物，也可布置花坛、花境等处，还可盆栽观赏或做切花使用。

植物生长调节剂在小丽花上的主要应用：

1. 促进种子萌发

将小丽花种子用1000mg/L高锰酸钾溶液浸泡30min杀菌，然后冲洗干净，再用100mg/L萘乙酸或500mg/L吲哚乙酸溶液浸种24h，可提高种子发芽率，并促进幼苗生长。

2. 降低盆栽植株高度和提高观赏性

在盆栽小丽花（品种为“XAC-026”和“XAC-027”）定植植株分枝长10cm左右时，用2000～3000mg/L丁酰肼或40～80mg/L多效唑溶液首次喷施后，隔15天左右再喷1次，至花蕾露色为止，可使植株明显矮化，且叶色浓绿，枝条粗壮，花朵顺利开放，观赏价值提高。另外，在小丽花（品种为“茶花”）定植后约10天，用15mg/L烯效唑溶液叶面喷施1～2次，可使株型变矮、节间缩短，叶片肥厚、浓绿并具有光泽，无脱脚现象，可明显改善盆栽小丽花的观赏性。

3. 促进开花

在2月下旬时将小丽花块根种植于花盆中，待4月份苗高30～40cm并出现花蕾时，用500mg/L赤霉酸溶液每日涂抹花蕾一次，连续3次，花期可提前约1周，同时还使植株明显增高。

十六、郁金香

郁金香别名洋荷花、郁香、草麝香等，为百合科郁金香属多年生球根花卉，其花茎挺拔，花朵似荷花，花瓣厚实，花色繁多，色彩丰润、艳丽，叶丛素雅，为世界著名的球根花卉。郁金香品种繁多，园林应用十分广泛。高茎品种适用于切花或配置花境，也可丛植于草坪边缘；中、矮品种特别适合盆栽，用于点缀庭院、室内，增添欢乐气氛。

植物生长调节剂在郁金香上的主要应用：

1. 打破鳞茎休眠、促进发育

用100mg/L乙烯利+100mg/L赤霉酸+100mg/L激动素的混合溶液浸泡郁金香鳞茎（品种为“金色阿波罗”）24h，可打破休眠。另外，用0.5μL/L乙烯熏鳞茎3天，可促进鳞茎发育。

2. 组织培养

郁金香的组织培养可以鳞片为外植体，愈伤组织及鳞茎诱导培养基为MS+2.0mg/L苄氨基嘌呤+2.5mg/L萘乙酸，壮苗培养基为MS+1.5mg/L赤霉酸。另外，也可以茎尖为外植体，丛生芽诱导培养基为MS+2.0mg/L苄氨基嘌呤+0.1mg/L萘乙酸，增殖培养基为MS+0.4mg/L苄氨基嘌呤+0.2mg/L萘乙酸，生根诱导培养基为1/2 MS+0.4mg/L激动素+0.1～1.0mg/L萘乙酸。再者，也可以茎段为外植体，丛生芽诱导培养基为MS+1.0mg/L苄氨基嘌呤+0.2mg/L萘乙酸，增殖培养基为MS+0.4mg/L苄氨基嘌呤+0.2mg/L吲哚乙酸，生根诱导培养基为1/2 MS+0.4mg/L激动素+0.1～1.0mg/L萘乙酸。

3. 促进花莛生长和提高切花品质

在郁金香（品种为“金色阿波罗”）现蕾期，用50mg/L赤霉酸喷施植株，可明显增加花莛长度、花苞大小，显著改善切花品质。另外，在郁金香抽莛期喷施50～100mg/L赤霉酸或50mg/L赤霉酸+50mg/L吲哚丁酸的混合溶液，也可促进花柄伸长、增加花朵直径，明显提高切花品质。再者，在郁金香（品种为“早矮红”）苗高5cm时，用400mg/L赤霉酸溶液滴注鞘状叶，每次每株0.8mL，间隔1周，共滴注3次，可增加花茎长度，使花色更加鲜艳。

4. 降低盆栽植株高度和提高观赏性

盆栽郁金香往往因花茎过高而降低观赏品质，为控制高度可在盆栽前将郁金香球茎浸入30mg/L烯效唑溶液中约40min，1个月后的植株比未处理的要矮40%左右，且观赏价值提高。另外，盆栽郁金香遮阴后，叶片长至6～8cm时，每个直径15cm的盆用5mg多效唑灌注，可使叶片深绿而厚，花梗矮壮，提高观赏价值。再者，在株高5cm左右时叶面喷施175mg/L烯效唑，也可有效地控制郁金香植株高度。

5. 促进开花

用100～150mg/L赤霉酸溶液浸泡郁金香鳞茎24h处理，可代替低温预冷处理，使郁金香提前在冬季温室中开花，花的直径也有所增加。另外，在郁金香株高5～10cm时，每株滴300～400mg/L赤霉酸水溶液1mL，或滴加200mg/L赤霉酸+5～10mg/L苄氨基嘌呤的混合液，均可使其提早开花。

6. 切花保鲜

将花蕾初绽时采切的郁金香（品种为“摩力”）切花基部插入4mmol/L硫代硫酸银溶液中（浸没花枝约2cm）预处理20min，随后插于含3%蔗糖+200mg/L 8-羟基喹啉柠檬酸盐+150mg/L柠檬酸+15mg/L苄氨基嘌呤、3%蔗糖+200mg/L 8-羟基喹啉柠檬酸盐+150mg/L柠檬酸+10mg/L多效唑等的瓶插液中，可延长瓶插寿命1倍以上。另外，郁金香可直接插于含3%蔗糖+150mg/L柠檬酸+300mg/L 8-羟基喹啉柠檬酸盐+5mg/L烯效唑、5%蔗糖+300mg/L 8-羟基喹啉柠檬酸盐+50mg/L矮壮素等的瓶插液中。

十七、朱顶红

朱顶红又名百枝莲、华胄兰，为石蒜科朱顶红属（孤挺花属）多年生球根花卉，其花枝挺拔，叶丛浓绿，花朵硕大，色彩艳丽，婀娜多姿，花叶繁茂，十分适合造园布景，可配置庭院及公共场所的花坛、花境等，也可作为盆花、切花观赏，特别适合室内装饰用于重要节日装点和烘托喜庆氛围。

植物生长调节剂在朱顶红上的主要应用：

1. 促进鳞茎扦插繁殖

在朱顶红（品种为“红狮子”）鳞茎切块繁殖时，可将鳞茎竖直放置，鳞茎盘在底部，把鳞茎顶端切平，顺着鳞茎弧面弧线纵切，每次纵切经过鳞茎中心，每个鳞茎大致分为16等份，每个扦插鳞茎携带的鳞茎盘大小基本一致。扦插前用

150mg/L 吲哚乙酸溶液浸泡鳞茎插穗 8min 处理，促进籽球的产生和生长。

2. 组织培养

取朱顶红鳞茎盘作为外植体，不定芽诱导培养基为 MS + 0.5mg/L 激动素 + 0.5mg/L 苄氨基嘌呤，增殖形成不定芽培养基为 MS + 1.5mg/L 激动素 + 0.05mg/L 苄氨基嘌呤，生根培养基为 MS + 0.3mg/L 萘乙酸。另外，也可以种子无菌萌发苗的下胚轴为外植体，无菌萌发培养基为 MS，不定芽诱导培养基为 MS + 0.5mg/L 苄氨基嘌呤 + 1.0mg/L 萘乙酸，生根培养基为 MS + 0.2mg/L 萘乙酸。再者，还可以朱顶红无菌苗小鳞茎作为外植体，芽诱导培养基为 1/2 MS + 8.0mg/L 苄氨基嘌呤 + 1mg/L 萘乙酸 + 45% 蔗糖，根诱导最佳培养基为 1/2 MS + 2.0mg/L 苄氨基嘌呤 + 1mg/L 萘乙酸 + 15% 蔗糖。

3. 矮化盆栽植株和提高观赏性

盆栽朱顶红虽姿容美丽，但因花莛太高、叶片太长、叶片易折断、花莛易倒伏，从而影响观赏价值。为此，待朱顶红（品种为“橙色塞维”）发芽后用 300 ~ 800mg/L 丁酰肼或 300mg/L 矮壮素溶液浇于盆土中，以溶液刚好流出盆底为准，1 周后再浇 1 次，可使花茎显著矮化，株型紧凑，更为美观。另外，用 100 ~ 300mg/L 多效唑或 300mg/L 矮壮素溶液灌根处理朱顶红（品种为“孔雀花”），可使植株矮化、观赏价值明显提高，其中以 300mg/L 多效唑溶液处理效果最佳。

植物生长调节剂在多肉植物上的应用

多肉植物又被称为多浆植物、肉质植物、多肉花卉等，隶属于不同的科属，不同科属之间有不同的形态特征，但基本的形态特征相似：其茎、叶或根（少数种类兼有两部分）特别肥大，具有发达的薄壁组织用以贮藏水分和养分，在外形上显得肥厚多汁。广义的多肉植物包含仙人掌在内，而狭义的则指除仙人掌以外的多肉植物，即时下颇为流行的“肉迷”最爱。多肉植物独特的肉质化器官及退化叶形成了多肉植物独特的外形，既是其十分重要的观赏特征，同时也是品种识别以及大部分品种命名的重要依据。

多肉植物家族庞大、种类繁多，已知目前全世界共有一万余种，隶属五十余科，从带刺儿的仙人掌到小清新的芦荟都是它们的成员，常见栽培的主要有仙人掌科、番杏科、大戟科、景天科、百合科、萝藦科、龙舌兰科、菊科、凤梨科、鸭跖草科、夹竹桃科、马齿苋科、葡萄科等。近年来，福桂花科、龙树科、葫芦科、桑科、辣木科和薯蓣科的多肉植物也有引进和栽培。多肉植物形态别致、色泽瑰丽、纹理多样，叶、茎、花、刺（毛）一年四季都有很高的观赏价值，且具有管理粗放、繁殖力强、病虫害少、生态适应性强等特点，在园林绿化和现代家庭中具有广泛的应用。近年来，多肉植物由于其具有极强的耐旱、耐瘠薄能力，在管理过程中相较于其他园林植物更加节水节肥，符合园林绿化可持续发展战略，已经越来越多地应用于城市公园及小区的绿化中。一些多肉植物体型较小，生长缓慢，相较于一般观赏植物其观赏期要长得多，不论是孤赏还是组合成盆景，都可以保持较长时间的景观。多肉植物大多对水需求量小，对土壤的干湿程度要求低，便于居住者管理和清洁，因而特别适宜室内绿化装饰，既能适应城市高层住宅降雨通风较差的环境，又适合快节奏都市生活状态下的简易养护,受到广大花卉爱好者的青睐。也有一些多肉植物(如垂盆草、佛甲草等)目前常用于屋顶花园。另外,与草本植物、木本植物不同,不少多肉植物有一副萌萌的外表,十分惹人怜爱。一些多肉植物小盆栽形态奇特、小巧可掬,非常适合装点窗台、阳台和桌面。更突显出时尚潮流的是,奇妙而独特的多肉植物,还凭借其多彩的颜色、丰富的造型、顽强的生命精神和绿色低碳的特点,成为一种符合现代环保理念的绿色礼品。

植物生长调节剂在多肉植物上的应用主要涉及促进繁殖、调控生长、调节花期、贮运保鲜等各个方面。以下简要介绍植物生长调节剂在多肉植物上的部分应用实例。

一、艾伦

艾伦为景天科风车草属多肉植物。株型圆润小巧,叶卵形、扁圆状,叶尖微尖。在光照充足、温差较大的环境下植株变为粉红色,迷你可爱。艾伦春末夏初开花,聚伞花序,有苞片,小花为星状,白色,带点状花纹,花瓣5片,不附连在内,合生至中部,放射状展开,呈现典型的风车草属花朵性状。

植物生长调节剂在艾伦上的应用:艾伦的苗圃生产中易于发生徒长现象,影响株型和观赏价值。为此,可用12~25mg/L烯效唑溶液进行茎叶喷雾矮化控旺,使用间隔15天左右,可使艾伦节间缩短、株型紧凑,且叶片厚实(彩图5-1)。以低浓度多次用药效果为佳,植株长势更为均衡、协调,也不易发生过度矮化的现象。

二、八宝景天

八宝景天又名蝎子草,是景天科景天属多年生肉质草本植物,因其适应能力强,耐高温,抗低温,四季常绿,秋、冬开花,无花时色彩亮绿、开花时一片粉红,群体效果极佳,被作为屋顶绿化、布置花坛、花境和点缀草坪、岩石园的好材料。

植物生长调节剂在八宝景天上的应用:

1.促进扦插生根

先将八宝景天插穗基部在1000mg/L萘乙酸溶液中速浸2min,然后将其放置阴凉处,以保证嫩枝的扦插处在基质中不腐烂,短暂愈合后进行扦插,可有效促进生根。

2.矮化植株和提高观赏性

八宝景天在莳养时,由于叶柄、花梗较长,易折断,株型松散,影响其观赏价值。为此,在八宝景天越冬芽萌发生长时,用100mg/L多效唑或3000mg/L矮壮素溶液对八宝景天植株进行叶面喷施处理,7天后再喷1次,可有效抑制八宝景天地上部分的生长,使株高明显矮化,节间缩短,茎秆增粗,叶片增厚,叶色加深,叶长叶宽变小,观赏性提高。同时,采用100mg/L多效唑或3000mg/L矮壮素两种处理对八宝景天的生理和生长无影响,也未发生莲座化现象。一般浓度越高,矮化效果越强,可根据生产、观赏需求灵活调整处理浓度。

三、长寿花

长寿花又名矮生伽蓝菜、圣诞伽蓝菜、寿星花等,属景天科伽蓝菜属多年生常绿肉质植物。其植株较为矮小,株型紧凑,叶色碧绿,花序上小花排列紧密拥簇成团,花期可长达4~5个月,故名长寿花。长寿花品种繁多(单瓣、重瓣),色彩丰富(大红、黄色、橘黄色、粉色、玫粉色、白色等),盛花期正值圣诞、元旦、春节,可为喜庆节日增添欢乐气氛。长寿花既可露地栽培,也可盆栽观赏。在园林应用时,可把不同花色品种组合在一起,也可用于公共场所的花槽、橱窗、大厅等栽培观赏。

植物生长调节剂在长寿花上的应用:

1. 促进扦插生根

长寿花较易生根成活,若扦插时用生长调节剂处理可进一步提早生根和增加生根数。具体做法是:剪取长寿花5~6cm长的茎段,摘除基部的叶片,只保留上部节间的叶片,然后用刀片把插穗基部削成平滑、整齐的斜口。扦插前,先用小木棍在基质上扎眼,防止插穗下端受损。用1000mg/L萘乙酸溶液速浸插穗2min后将插穗放置在阴凉处,短暂愈合后将插穗插入草炭、纯砂和纯土等比配制的基质营养钵中。另外,用500mg/L吲哚丁酸+500mg/L萘乙酸的混合液处理根切口,有利于根系发生和生长。

2. 组织培养

取长寿花茎尖和带腋芽茎段在MS+0.4mg/L苄氨基嘌呤+0.1mg/L萘乙酸培养基中培养,有利于芽增殖、分化,其繁殖系数可达5.8;而在培养基1/2MS+0.4mg/L吲哚丁酸中培养,有利于长寿花幼苗生根。另外,取长寿花幼嫩叶片作为外植体,在MS+2mg/L二氯苯氧乙酸+0.2mg/L苄氨基嘌呤培养基中培养,有利于愈伤组织的形成,在MS+1.0mg/L苄氨基嘌呤+0.1mg/L萘乙酸培养基中培养有利于愈伤组织的分化和芽的增殖,在1/2MS+0.2mg/L吲哚丁酸培养基中有利于生根。

3. 促进侧芽分化和生长

长寿花在繁育过程中,个别品种会出现分枝性不好、侧芽少的现象。为此,在打顶解除顶端优势后用20~100mg/L苄氨基嘌呤溶液进行茎叶喷雾2次,间隔7天,可有效促进侧芽分化和生长(彩图5-2)。

4. 矮化盆栽植株和提高观赏性

盆栽长寿花往往因枝干过长而易倒伏并呈现出老化的状态,影响观赏价值。为此,在盆栽长寿花(品种为“红霞”)4叶1心时,用200mg/L多效唑溶液浇灌基质(草炭和蛭石1:1),每盆施用量为40mL,可有效抑制长寿花生长,对株高和主花枝有显著矮化作用,并显著改善盆栽长寿花的观赏品质。其次,在花芽分化旺盛时期还可用1000mg/L丁酰肼+500mg/L矮壮素进行矮化控旺,用药间隔夏季为3~5天,冬季为5~7天。另外,为了使商品花成半球形,可进行控型处理,通常可在一个花梗2~3cm时用17mg/L烯效唑+1000mg/L丁酰肼溶液喷施植株1次(彩图5-3)。此外，亦可在长寿花花苞刚开始露色时用25～50mg/L烯效唑喷施1次，可有效矮化植株，缩短节间距，提高商品价值，且有效缩短长寿花花梗长度。

5. 开花调节

长寿花生长至8对叶片时，用100mg/L赤霉酸喷施“Mandarin”品种或300mg/L赤霉酸喷施“LaDouce”品种，除了明显增加株高、叶长、叶宽，还可显著缩短定植到开花的时间。另外，用2000mg/L丁酰肼喷施“Mandarin”品种或用4000mg/L丁酰肼喷施“LaDouce”品种，可显著增加从定植到开花的时间，从而延长花期，但对花朵直径没有显著影响。

四、春之奇迹

春之奇迹又称薄雪万年草，是景天科景天属的多肉植物。叶片上有许多小绒毛，在某些特殊的地域环境下可整株变成粉色，开粉红色的小花，观赏价值较高。另外，春之奇迹易于繁殖，且生长迅速。

植物生长调节剂在春之奇迹上的应用：春之奇迹生长非常迅速，容易爆盆，需整形和适时换盆，结合繁殖新苗，扦插只要保持介质湿润即可，无需多浇水。但在苗圃生产中，往往需用生长延缓剂延缓生长，如12～25mg/L烯效唑，或25～50mg/L多甲复配剂(2.5%多效唑+7.5%甲哌鎓)进行喷施处理，可有效控制生长，使株型紧凑，药效期长达30天以上(彩图5-4)。

五、红葡萄

红葡萄为景天科风车草属多肉植物，是大和锦与桃之卵的杂交品种。红葡萄叶片光滑具蜡质，非常肥厚，叶形呈短匙状，有短叶尖，叶背有明显龙骨状凸起，株型紧密排列成莲座状，平常叶色浅灰绿或浅蓝绿，叶缘易晒红，在光照充足有适当温差的情况下叶片会变成红色或紫红色，所以又被叫作紫葡萄，有时也简称为葡萄。

植物生长调节剂在红葡萄上的应用：在大棚基地生产中，一般摘取叶片晾置于阴凉处，待生根发芽后再往穴盘移植或直接上杯生产。采用100mg/L苄氨基嘌呤溶液浸泡所摘取的叶片10min，可有效提高叶片发芽率，且发芽整齐统一，便于后期生产管理(彩图5-5)。若配合5mg/L复硝酚钠和中微量元素叶面肥使用，保证营养供给，促芽效果更佳。另外，对桃蛋、绿龟卵等其他品种的多肉植物，也可同样使用100mg/L苄氨基嘌呤溶液浸泡叶片10min来促进发芽率。

六、落地生根

落地生根别名土三七、打不死，为景天科落地生根属肉质植物，其形态奇特，极易栽培，是一种比较常见的观赏植物。

植物生长调节剂在落地生根上的应用：在短日照开始后3～5周用500mg/L丁酰肼溶液叶面喷施落地生根植株，4～5周后进行第2次处理；也可以在打尖后，侧枝生长达 4 ~ 5cm 时处理；经处理的落地生根植株矮化，株型美观。另外，用 250mg/L 吲哚丁酸溶液喷洒落地生根植株，可延长开花时间 2 周。

七、金边虎尾兰

金边虎尾兰为龙舌兰科虎尾兰属的多年生草本观赏植物，因其生性强健，叶形耸直、坚挺，斑纹美丽、清雅，四季青翠，很适合庭园美化或盆栽，为一种常见的绝佳观叶植物。

植物生长调节剂在金边虎尾兰上的应用：

1. 促进扦插生根

金边虎尾兰叶片扦插繁殖是其主要的繁殖方式。扦插时，选取成熟叶片横切成长度约 10cm 的片段，每一片段为一插穗，用 400mg/L 萘乙酸溶液浸泡插穗基部 3h，可促进插穗生根和根系生长。另外，对金边虎尾兰插穗叶段用 300mg/L 吲哚乙酸或 400mg/L 萘乙酸溶液浸泡基部 3h 后再用自来水（液面高约 3cm）培养，每 3 天换水 1 次，室温（20 ~ 28℃）培养 50 天，可促进生根和成活。再者，用 100mg/L 吲哚丁酸或萘乙酸溶液浸泡金边虎尾兰叶基段 1h，或者 100 ~ 200mg/L 吲哚丁酸或 200mg/L 萘乙酸溶液浸泡叶尖段 1h，扦插效果良好。

2. 组织培养

金边虎尾兰的组织培养可以顶芽为外植体，丛生芽诱导培养基为 MS + 1.5mg/L 苄氨基嘌呤 + 0.2mg/L 萘乙酸，增殖培养基为 MS + 2.0mg/L 苄氨基嘌呤 + 0.1mg/L 萘乙酸，生根培养基为 1/2MS + 0.3mg/L 吲哚丁酸。另外，也可以幼嫩叶片为外植体，愈伤组织诱导培养基为 MS + 3.0mg/L 苄氨基嘌呤 + 5.0mg/L 激动素 + 5.0mg/L 萘乙酸 + 0.2% 活性炭，不定芽诱导培养基为 MS + 2.0mg/L 激动素 + 2.0mg/L 苄氨基嘌呤 + 1.0mg/L 萘乙酸，增殖培养基为 MS + 3.0mg/L 苄氨基嘌呤 + 0.5mg/L 萘乙酸，生根培养基为 1/2MS + 0.5mg/L 吲哚丁酸 + 0.1% 活性炭。

八、钱串

钱串又名钱串景天、串钱景天、星乙女，为景天科青锁龙属多年生肉质植物。其叶形叶色较美，近年来受多肉爱好者追捧。钱串喜阳光充足和凉爽、干燥的环境，耐半阴，怕水涝，忌闷热潮湿。具有冷凉季节生长、夏季高温休眠的习性，为多肉植物中的“冬型种”。

植物生长调节剂在钱串上的应用：在钱串苗圃生产中容易出现徒长现象，为此可用 12 ~ 25mg/L 烯效唑或 25 ~ 50mg/L 多甲复配剂（2.5% 多效唑 + 7.5% 甲哌鎓）喷施植株，使用间隔 30 天左右，可使钱串节间距缩短、紧凑，叶片厚实。以采用低浓度多次用药效果为佳，植株长势均匀，且不会矮化控制过度。

九、生石花

生石花是番杏科生石花属多年生小型肉质植物，未开花前的形态像石头半埋在地下,故又名石头花。因其形态独特,色彩斑斓,株型小巧,高度肉质,叶形、叶色、花色都富于变化,成为目前很受欢迎的观赏植物。

植物生长调节剂在生石花上的应用:生石花作为多肉植物的一种,其繁殖方式以种子繁殖为主。不过,生石花种子细小,且有休眠期特性。为此,可用100mg/L赤霉酸溶液浸种4h后播种在1/2MS培养基上,可显著促进种子萌发及幼苗生长。

十、昙花

昙花又名琼花、昙华等,为仙人掌科昙花属多年生常绿肉质植物,其花朵生于叶状枝的边缘,怒放时花大如碗,花外围的淡绛红色的长形线裂状外瓣逐渐向后运动,成飞舞漫射状,如羽衣临风,飘逸多姿;里层薄而富有光泽的花瓣,洁白典雅。加之香气浓郁、淡雅素洁,又因其花朵在晚上开放,是世界较为知名的珍奇花卉。

植物生长调节剂在昙花上的应用:昙花一般用扦插方法繁殖。在每年春季3~4月间,取二年生的昙花叶状肉质茎,长度为10~15cm,用30mg/L萘乙酸溶液浸泡插穗基部5~10min,放在阴凉处风干1~2天后进行扦插,有利于生根和提高成活率。

十一、仙人球

仙人球俗称草球,又名长盛丸,为仙人球属仙人掌类植物,由于其形态奇特优美、花形花色各异而深受消费者喜爱。

植物生长调节剂在仙人球上的应用:用100mg/L赤霉酸溶液浸泡仙人球(品种为“巨鹫玉”)种子12h,然后置于25℃光照条件下培养,每日光照12h,可促进种子萌发,且使发芽时间缩短、萌发整齐。另外,从仙人球母体上取下幼株,栽植前用100mg/L萘乙酸溶液浸泡20min左右,也可促进发根。

十二、蟹爪兰

蟹爪兰又名蟹爪莲、仙指花、圣诞仙人掌,是仙人掌科蟹爪兰属的多年生植物,其叶型独特,且开花时间正逢圣诞节、元旦节,是观赏性很强的冬日观花植物。

植物生长调节剂在蟹爪兰上的应用:

1. 促进扦插生根

蟹爪兰扦插时,可使用萘乙酸、吲哚丁酸或其复配制剂促根,其中以复配制剂促根效果最佳。例如,用500mg/L吲哚丁酸+500mg/L萘乙酸快浸插穗基部3~5s,可明显促进生根和增加根数(彩图5-6)。

2. 促进扦插苗出芽

用10~50mg/L苄氨基嘌呤溶液喷施蟹爪兰(品种“骑士”)扦插苗,可显著增加其出芽数。另外,用10~50mg/L苄氨基嘌呤与1~5mg/L萘乙酸的混合溶液进行喷施处理,促进扦插苗出芽的效果更好。另外,对上盆或已经扦插生根的蟹爪兰,用

50～100mg/L苄氨基嘌呤溶液喷施茎叶，连用2次间隔7天，可明显增加发芽数量，使其冠幅更加丰满（彩图5-7）。建议配合中微量元素叶面肥使用，保证发芽质量。

3. 促进嫁接繁殖

蟹爪兰常采用嫁接繁殖，它具有繁殖快、生长迅速和开花早的特点，嫁接还用来培育新优品种。在蟹爪兰嫁接时，用500～1000mg/L萘乙酸溶液浸蘸接穗基部，可促进愈伤组织形成，并提高成活率。

4. 促进开花

蟹爪兰需在短日照条件下诱导开花，当短日照开始时若先端茎节不成熟，则难以形成花蕾。为此，可在短日照处理开始前40天，先用1000mg/L赤霉酸溶液喷施处理使新茎节同时长出，再用50～100mg/L苄氨基嘌呤溶液喷洒处理，可以促进花芽分化，增加花的数量。另外，用80mg/苄氨基嘌呤+20mg/L赤霉酸+10mg/L萘乙酸+10mg/L辅助维生素溶液喷施蟹爪兰植株，可有效促进开花，且使长势更好，花朵更大，开花数量更多，开花时间更久。

在蟹爪兰遮光催花期结束后，即在花芽分化前用50mg/L苄氨基嘌呤溶液对蟹爪兰进行茎叶喷雾，连用两次间隔7天，可明显增加蟹爪兰花芽数量，且花芽长势整齐、统一。建议配合磷酸二氢钾使用，磷钾肥具有促进花芽分化的效果（彩图5-8）。另外，也可在遮光结束10天后使用36mg/L苄氨基嘌呤+36mg/L赤霉酸$_{4+7}$混合液喷施1次促进开花。

十三、熊童子

熊童子属景天科银波锦属的多肉植物。叶片具绒毛，前端有数个小短尖，形似熊的爪子。在阳光充足的生长环境下，叶端齿会呈现红褐色，活像一只小熊的脚掌，很是可爱。夏末至秋季开花，总状花序，小花黄色。熊童子较为喜欢阳光，不过夏季温度过高会休眠。宜温暖干燥和阳光充足、通风良好的环境，忌寒冷和过分潮湿。

植物生长调节剂在熊童子上的应用：熊童子扦插繁殖时采用叶插虽然容易生根，但很难长出芽来，所以一般采用枝插方式进行扦插。具体做法是：在生长期选取茎节短、叶片肥厚的插穗，长度5～7cm，以顶端茎节最佳。剪取插穗后放置于阴凉处晾晒15～25天，扦插前用刀具在基部划出新鲜切口，随后将基部在250～1000mg/L吲萘复配水剂（2.5%吲哚乙酸+2.5%萘乙酸）中快浸3～5s或膏剂涂抹切口处理，随后扦插到穴盘中，均可使其明显提早发根、根多根壮（彩图5-9）。

第六章

植物生长调节剂在兰科花卉上的应用

兰科花卉俗称兰花，为多年生草本，极少数为藤本。兰花的形态、习性千变万化，花部结构高度特化、极度多样，如唇瓣的特化、合蕊柱的形成等。依兰花的生态习性不同，可分为地生兰类和附生兰类等，地生兰类有春兰、蕙兰、建兰、墨兰、寒兰等，多生于温带地区及亚热带地区；附生兰主要有蝴蝶兰、兜兰、万代兰、石斛兰等，多生于热带地区及亚热带地区。另外，花卉市场还往往根据地理分布把兰花笼统地分为国兰和洋兰。国兰特指兰科兰属中的部分小花型地生兰，如春兰、蕙兰、建兰、墨兰、寒兰、莲瓣兰等，其特点是花茎直立，花小而素雅，且具有奇妙的幽香，叶片细而长，叶姿优美。洋兰是相对于国兰而言的，涵盖了除国兰之外的兰科所有观赏植物种类，常见的商品洋兰多为热带兰，主要有蝴蝶兰、大花蕙兰、石斛兰、文心兰、万代兰、兜兰等。与国兰相比，洋兰种类更丰富，而且花大花多、花色艳丽多彩、花期持久。

兰花品种极为繁多，常见的有兰属、蝴蝶兰属、石斛属、卡特兰属、万代兰属、文心兰属、兜兰属等许多栽培种类。兰科花卉作为高雅、美丽而又带神秘色彩的观赏植物，以其花形优美别致、花色绚丽多彩、花味清馨芬芳的特色而享誉全球，深受各国人民的喜爱。兰花具有不同的体型、花期、花色，其在园林绿化中的配植方式也多种多样。对于兰花中植株体型较大、花大色艳的可进行孤植，体型相对较小的可片植成群，营造花团锦簇的效果。除了用于花坛、花境、水景等各类园林绿化之外，一些兰科花卉（如蝴蝶兰、石斛兰、大花蕙兰、文心兰、卡特兰等）还是高档的盆花和切花，并在国内外花卉市场上占有非常重要的地位。另外，兰花在我国还具有浓厚的文化艺术价值，历史悠久，钟情者众。几千年来，兰花成为文人墨客的诗词歌赋及国画中的重要题材,形成了我国独特的兰花文化,是我国传统文化的重要组成部分。如今,兰花既可实现园林景观功能,同时又满足居民更高的审美要求,在打造城市文化、促进城市现代文明建设中发挥着越来越重要的作用。

植物生长调节剂在兰科花卉上的应用主要涉及促进繁殖、调控生长、调节花期、贮运保鲜等各个方面。以下简要介绍植物生长调节剂在兰科花卉上的部分应用实例。

一、春兰

春兰俗称小兰,又名草兰、幽兰、朵兰、山兰等,是兰科兰属中的地生种,以香气馥郁、色彩淡雅、花姿优美、叶态飘逸见长,有“花中君子”的美誉,也是中国兰花大家族中品种最为丰富多彩的一个种,常见的有梅瓣、水仙瓣、荷瓣、素心瓣和蝴蝶瓣等。

植物生长调节剂在春兰上的应用:

1. 促进种子萌发

春兰种子细小,种皮细胞壁加厚,表面覆盖一层不透水不透气的膜状物质,种胚为发育不完全的球胚,仅含脂类作为贮存营养物质,常规播种难以萌发。只有在无菌条件下,借助适宜的培养基质才能萌芽。在播种培养基中加入0.1mg/L萘乙酸和0.01mg/L激动素对春兰种子快速萌发有明显的促进作用。另外,用0.1mol/L氢氧化钠先浸泡春兰种子20min后再进行无菌播种,在基本培养基(1/2MS+4.5g/L琼脂+30%蔗糖+0.1g/L活性炭)中添加0.5mg/L苄氨基嘌呤可有效提前春兰种子的初始萌动时间并提高种子的萌发率。

2. 组织培养

春兰的组织培养可以茎尖作为外植体,根状茎诱导培养基为1/2MS+5.0mg/L苄氨基嘌呤+0.5mg/L萘乙酸,增殖培养基为1/2MS+0.2mg/L苄氨基嘌呤+2.0mg/L萘乙酸+100g/L香蕉泥,分化苗培养基为MS+2.0mg/L苄氨基嘌呤+1.0mg/L萘乙酸,生根培养基为1/2MS+2.0mg/L吲哚丁酸+150g/L香蕉泥。

3. 促进盆栽植株成活和幼苗生长

春兰栽植时根部受损会影响随后植株的生长发育,为此可将其假鳞茎在盆栽前用200mg/L萘乙酸溶液浸泡约15min,促进萌生新根和提高成活率。另外,在5月底~6月中旬,用100mg/L赤霉酸溶液喷洒春兰幼苗,隔1周喷1次,共喷2~3次,能促进幼苗生长。

4. 促进开花

在冬末春初,用1000mg/L多效唑溶液喷洒春兰全株,大致隔半月喷1次,共喷2~3次,可有效抑制春兰的营养生长,并促进生殖生长,使之多开花和花径增大。另外,在8月下旬至9月上旬,用200mg/L赤霉酸溶液喷洒春兰全株3~4次(间隔1周),可促进花芽生长,并提前开花(比正常花期提前约10~15天)。再者,用100mg/L赤霉酸+25mg/L水杨酸的混合溶液叶面喷施春兰植株,每周喷1次,连续喷10次,可促进叶芽和花芽发生和生长,并提前花期。

二、大花蕙兰

大花蕙兰又称西姆比兰等,为兰科兰属植物,是以大花附生种、小花垂生种以及一些地生兰为原始材料,通过人工杂交培育出的花朵硕大、色泽艳丽品种的一个统称,即为品种群的统称。大花惠兰的植株和花朵大致分为大型和中小型,有黄、白、绿、红、粉红及复色等多种颜色,色彩鲜艳、异彩纷呈。部分大花蕙兰还具有香味,既具有国兰的幽香典雅,又有洋兰的丰富多彩,是国际上五大盆栽兰花之一。

植物生长调节剂在大花蕙兰上的应用:

1. 组织培养

由于大花蕙兰种子发芽率低,且种子实生苗变异大,分株繁殖速度缓慢,商品苗主要来自组织培养。取茎尖作为外植体,侧芽增殖培养基为1/2MS+0.1~0.3mg/L萘乙酸+1.0~3.0mg/L苄氨基嘌呤+100mg/L维生素C,原球茎诱导培养基为1/2MS+0.2mg/L萘乙酸+3.0mg/L苄氨基嘌呤,原球茎增殖培养基为1/2MS+5.0mg/L苄氨基嘌呤+1.0mg/L萘乙酸,丛生芽的诱导及增殖培养基为1/2MS+2.0mg/L苄氨基嘌呤+0.2mg/L萘乙酸+0.2%活性炭,生根培养基为1/2MS+萘乙酸1.0mg/L+0.2%活性炭。另外,也可以假球茎作为外植体,丛生芽诱导培养基为MS+2.0mg/L苄氨基嘌呤+0.1mg/L萘乙酸+0.5%活性炭,生根培养基为MS+0.2mg/L苄氨基嘌呤+0.5mg/L萘乙酸+0.5mg/L生根粉。再者,还可以茎段作为外植体,原球茎诱导培养基为MS+0.5mg/L苄氨基嘌呤+1.0mg/L萘乙酸,芽诱导培养基为MS+2.0mg/L苄氨基嘌呤+1.0mg/L萘乙酸+150g/L香蕉泥,生根培养基为1/2MS+1.0mg/L萘乙酸。

2. 调控盆栽植株生长

在盆栽2年生大花蕙兰(品种为"ChristmasRose")组培苗时,栽植前用100mg/L苄氨基嘌呤+200mg/L多效唑的混合溶液浸根10h,可显著提高大花蕙兰分蘖率,同时使大花蕙兰植株明显矮化。另外,用10mg/L苄氨基嘌呤+400mg/L多效唑混合液浸根和20mg/L苄氨基嘌呤+4mg/L萘乙酸+1mg/L多效唑混合液浇灌根部处理,可明显矮化植株和提高叶片叶绿素含量,但对叶宽和叶厚变化无明显影响。

3. 调节开花

在盆栽3年生大花蕙兰(品种为"Greensleeves")组培苗时,用30mg/L多效唑以灌根方式一次性施用,在减缓大花蕙兰营养生长的同时,还可明显降低花箭高度,并使初花期提前,开花率提高,且整个花期延长3~10天。另外,在大花蕙兰花芽分化前用50~200mg/L赤霉酸溶液喷施叶片和假鳞茎,可促进大花蕙兰的花芽分化,使其提早开花2~12天,溶液浓度越高则提早天数越多。用50~200mg/L萘乙酸溶液喷施大花蕙兰叶片和假鳞茎,则可推迟大花惠兰4~11天开花。

4. 调控花箭高度

在大花蕙兰花箭15cm高时用0.005mg/L芸薹素内酯或400mg/L赤霉酸+

100mg/L 吲哚乙酸的混合溶液喷施花箭，具有明显促进花箭拉长、增粗的效果。

5. 矮化植物，紧凑株型

针对不同时期的大花蕙兰可用烯效唑进行矮化控旺。例如，在大花蕙兰（品种为“黄鹤之舞”）二代苗上用 25mg/L 烯效唑溶液进行茎叶喷雾，连用 3 次，间隔 25 ~ 30 天（彩图 6-1）以及大花蕙兰（品种为“皇后”）三代苗上用 65mg/L 烯效唑溶液茎叶喷雾，连用 3 次，间隔 20 天（彩图 6-2），均可有效矮化植株、使茎秆粗壮。三代苗矮化时配合磷酸二氢钾或其他高磷钾肥使用，还可促进花芽分化。

三、寒兰

寒兰叶姿碧绿清秀，花色丰富，香气沁人，有较高的观赏价值。寒兰的种子细小，种皮细胞壁加厚，表面覆盖一层不透水不透气的膜状物质。种胚为发育不完全的球胚，仅含脂类作为贮存营养物质，常规播种难以萌发。只有在无菌条件下，借助适宜的培养基质才能萌芽。

植物生长调节剂在寒兰上的应用：

1. 组织培养

以寒兰种子萌发后形成的根状茎为外植体，类原球茎诱导培养基为 B_5 + 0.50mg/L噻苯隆 +0.25mg/L 萘乙酸，继代增殖培养基为 B_5 +1.0mg/L 烯效唑 + 0.2mg/L萘乙酸 +3.5% 蔗糖，类原球茎分化培养基为 B_5 +0.75mg/L 烯效唑 + 1.0mg/L苄氨基嘌呤 +0.4mg/L 萘乙酸，生根培养基为 1/2B_5 +0.2mg/L 萘乙酸 + 0.05% 活性炭。另外，也可以取以种子无菌萌发的根状茎作为外植体，种子萌发培养基为 B_5 +0.6mg/L 苄氨基嘌呤 +0.4mg/L 萘乙酸，根状茎增殖培养基为 B_5 + 0.6mg/L苄氨基嘌呤 +1.5mg/L 萘乙酸 +1g/L 水解酪蛋白 +0.5g/L 活性炭 +3.5% 蔗糖，芽分化培养基为 B_5 +1.0mg/L 苄氨基嘌呤 +0.2mg/L 萘乙酸 +1g/L 水解酪蛋白 +0.5g/L 活性炭 +3.5% 蔗糖，生根培养基为 1/2B_5 +0.2mg/L 萘乙酸 +1g/L 水解酪蛋白 +0.5g/L 活性炭 +3.5% 蔗糖。再者，可直接取根状茎作为外植体，类原球茎诱导培养基为 B_5 +0.50mg/L 噻苯隆 +0.25mg/L 萘乙酸，增殖培养基为 B_5 + 1.0mg/L烯效唑 +0.2mg/L 萘乙酸 +3.5% 蔗糖，芽分化培养基为 B_5 +0.75mg/L 烯效唑 +1.0mg/L 苄氨基嘌呤 +0.4mg/L 萘乙酸，生根培养基为 1/2B_5 +0.2mg/L 萘乙酸 +0.05g/L 活性炭。

2. 促进种子萌发

在播种培养基中加入 0.1mg/L 萘乙酸和 0.01mg/L 激动素可促进寒兰种子快速萌发。

四、蝴蝶兰

蝴蝶兰又称蝶兰，为兰科蝴蝶兰属附生性多年生草本，其花朵造型独特，形似蝴蝶，花数多而且排列有序，花形优美，花色鲜艳，每株花期长达 2 ~ 3 个月，是深受消费者喜爱的盆花和切花品种,也是热带兰中的珍品,享有“兰中皇后”的美誉。

蝴蝶兰为单茎气生兰,少有侧芽萌发,很难通过分蘖繁殖;其种子发芽率低,播种繁殖更加困难。蝴蝶兰目前主要通过组织培养进行快繁。可取试管苗叶片作为外植体,胚状体诱导培养基为1/2MS+4.0mg/L苄氨基嘌呤+1.0~2.0mg/L萘乙酸+2.0~4.0mg/L腺嘌呤硫酸盐+2%~4%蔗糖+200mL/L椰汁。另外,也可以根段为外植体,愈伤组织诱导培养基为B_5+1.0mg/L萘乙酸+0.2mg/L激动素+150ml/L椰汁,原球茎增殖培养基为B_5+0.05mg/L赤霉酸+120mg/L水解酪蛋白,壮苗培养基为1/2MS+20%香蕉泥+2%蔗糖,生根培养基为1/2MS+0.3mg/L吲哚丁酸+2%蔗糖。

1. 矮化盆栽植株和提高观赏性

在蝴蝶兰规模化生产中,采用20~100mg/L多效唑或1000mg/L丁酰肼溶液进行灌根处理,可安全有效地控制蝴蝶兰花莛高度,延长花期,使其叶片增厚,从而提高蝴蝶兰的花卉品质。另外,蝴蝶兰(品种为“婚宴”)在花莛10~20cm时,用50~100mg/L多效唑溶液喷施处理,可有效降低花莛高度,增加观赏性。再者,在花梗长10~15cm时喷施多效唑溶液,可使花朵数增多、花径增大,缩短花梗长度,不同程度地延长花期。

2. 调节开花

用100~200mg/L赤霉酸溶液喷雾蝴蝶兰花蕾,可促进植株提早开花约10~17天。另外,用150~200mg/L赤霉酸涂抹茎基部可提前开花12~15天。不过,小花畸形率随着赤霉酸浓度的提高也随之上升,加入等量的吲哚丁酸或吲哚乙酸可减少花畸形发生,且对花茎增长有促进作用。

苗龄为18个月的红花蝴蝶兰苗,在低温处理前30天用5mg/L赤霉酸或300mg/L苄氨基嘌呤溶液喷洒叶面,每周1次,共喷3次,可延长花期。其中,赤霉酸处理的蝴蝶兰开花期长达41天,且花朵数多,但开花较晚,对开花时间有延迟作用;苄氨基嘌呤处理也能有效延长蝴蝶兰花期,增加花朵数,但对始花期及盛花期影响不大。另外,在蝴蝶兰花梗抽出约0.5~1cm时用25~200mg/L多效唑溶液喷施,可显著降低蝴蝶兰成花后的花梗高度,并延迟花期。

3. 盆花和切花保鲜

蝴蝶兰盆花经过800nL/L 1-甲基环丙烯密闭处理24h后贮运,能很好地防止萎蔫和脱落,增加花朵寿命。另外,蝴蝶兰切花的贮运保鲜主要采用在花梗基部插上小型保鲜管的方法,所用的保鲜液为0.3%蔗糖+5mg/L苄氨基嘌呤,这样既能保鲜,又便于包装。然后将其置于相对湿度为90%~95%的环境中进行贮藏,存放地点不需要光照,贮藏温度为13~15℃,贮藏时间可达10~20天。

五、卡特兰

卡特兰又名卡特利亚兰或嘉德丽亚兰,为兰科卡特利亚兰属多年生草本植物。

卡特兰是热带兰中花朵最大、花色最艳丽的种类，均为附生兰，常附生于林中树上或林下岩石上。因其花形花色千姿百态、艳丽非凡，并具有特殊的芳香，被誉为"热带兰之王""洋兰之王"。

植物生长调节剂在卡特兰上的应用：

1. 促进盆栽植株生长和提高观赏性

在盆栽（基质为水苔藓，容器为塑料盆）卡特兰营养生长阶段，用含40mg/L苄氨基嘌呤+50mg/L赤霉酸+50mg/L激动素的营养液每5天浇施1次，能显著促进植株地上部分生长发育；在生殖生长阶段用含60mg/L苄氨基嘌呤+50mg/L赤霉酸+100mg/L激动素的营养液每5天浇施1次，则可促使提早形成新芽，增加侧枝，有效提高卡特兰的观赏品质。

2. 促进开花

在卡特兰花芽分化阶段，用300~600mg/L赤霉酸溶液叶面喷施植株，可使花柄和花莛的长度显著增加，使盛花期分别提前约9天。另外，5年生卡特兰（"Green-World"）在新假鳞茎停止生长、花鞘完全显露、花芽处于合蕊柱和花粉块分化期时，将60mg/L赤霉酸或10mg/L萘乙酸溶液注射到花鞘下部约1/3处（每个花鞘注射5mL），可使盛花期提前13~22天，且使花朵增大、开花率提高，萼片、花瓣、花柄和花莛的长度也显著增加，可作为花期调控的重要手段。

六、墨兰

墨兰又称为报岁兰、入岁兰，为兰科兰属地生兰多年生草本花卉，其花色素雅，花瓣幽香四溢，叶片形态独特飘逸，为五大类传统国兰之一。墨兰是我国南方最常栽培的国兰品种之一，于春节前后开花，是一种名贵的盆栽年宵花卉。

植物生长调节剂在墨兰上的应用：

1. 组织培养

利用传统的分株方式繁殖墨兰，增殖系数极低，利用组织培养方式进行快繁可在短时间内生产大量试管苗，满足市场需求。可选取墨兰芽作为外植体，原球茎形成培养基为MS+1.2mg/L苄氨基嘌呤+0.02mg/L萘乙酸+2g/L活性炭，萌芽和生根培养基为MS+1.0mg/L苄氨基嘌呤+0.5mg/L萘乙酸+2g/L活性炭。另外，也可以茎尖和花芽作为外植体，原球茎诱导培养基为MS+0.5mg/L苄氨基嘌呤+0.5mg/L萘乙酸+0.5%活性炭，根状茎的诱导培养基为G_3+0.1mg/L苄氨基嘌呤+0.5mg/L萘乙酸+0.5%活性炭+10%水果汁（如椰汁、香蕉汁或苹果汁等），分化芽培养基为B_5+2.0~3.0mg/L苄氨基嘌呤+0.2mg/L萘乙酸+0.5%活性炭，生根培养基为1/2MS+2.0mg/L萘乙酸+10%苹果汁+10%香蕉汁+1.0%活性炭。再者，MS培养基为适合墨兰根状茎增殖的基本培养基。在该培养基中加入1.0mg/L苄氨基嘌呤与0.1mg/L吲哚丁酸时，有助于根状茎增殖；在根状茎分化阶段，培养基中植物生长调节剂配比为5.0mg/L苄氨基嘌呤+0.5mg/L萘乙酸。

2. 调控盆栽植株生长和提高观赏性

部分墨兰品种盆栽时叶片偏长，可达60~70cm，摆设厅堂影响观赏价值。为此，可在盆栽墨兰叶芽出土后，每隔20~30天喷施1000mg/L多效唑溶液1次，共喷3~4次，每次每盆喷约20mL溶液。经此处理，墨兰叶片缩短增宽，叶色更浓绿，新芽数和每株花数也增多。

3. 开花调控

"银拖"墨兰品种属银边墨兰类，较传统的银边墨兰叶阔、质硬、覆轮大、花香，为艺兰的名贵品种，作为年宵花，每年销往全国各地，上市量逐年增多。用200mg/L赤霉酸溶液喷施"银拖"墨兰植株，每隔7天喷1次，连续喷4次，可提早抽箭和促进开花。另外，用200mg/L苄氨基嘌呤溶液叶面喷施"银拖"墨兰叶片和假鳞茎，每隔7天喷1次，连续喷4次，可使花箭长度适中、生长粗壮、着花均匀，开花时间早，持续时间长，花朵观赏品质优良。

七、石斛兰

石斛兰又称石斛，为兰科石斛属植物的总称，在园艺上一般简单地把在春季开花的石斛称为春石斛，把在秋季开花的石斛称为秋石斛。石斛兰特别是春石斛，花姿优雅、花色鲜艳、花期长，观赏价值高，为"四大观赏洋兰"之一，既可作盆栽，也可切花观赏。

植物生长调节剂在石斛兰上的应用：

1. 促进扦插生根

石斛兰扦插前用500~1000mg/L吲哚乙酸溶液速蘸再铺种条，可促进生根和提高成活率。

2. 调控植株生长和提高观赏性

在石斛兰分蘖期用10mg/L苄氨基嘌呤溶液浸根2h处理，可增加有效分蘖数。另外，在7月中旬用50mg/L多效唑溶液喷施春石斛植株，可抑制春石斛假鳞茎生长，提高石斛兰观赏价值。

3. 开花调控

春石斛开花需要一个低温诱导过程，即在夜温13℃、日温25℃、温差10~15℃下诱导1周可促其花芽形成，而用植物生长调节剂并结合外界低温处理可刺激春石斛提前到元旦或春节开花。具体做法是：11月下旬，先用200mg/L苄氨基嘌呤+2000mg/L多效唑的混合液喷雾春石斛（大苞鞘石斛2年生野生苗），7天后再喷施200mg/L多效唑+200mg/L噻苯隆的混合溶液，2周后重喷1次，可促进大苞鞘石斛花芽提前形成和正常开花，其中花芽出现时间提前约30天，开花时间提前约20天。另外，在春石斛（品种为"White Christmas"）假鳞茎生长成熟后进行低温处理时，用100mg/L苄氨基嘌呤溶液进行叶面喷洒（每株用量约10mL），可使1年生鳞茎上增加坐花数，并提早开花。

八、文心兰

文心兰别名跳舞兰、舞女兰等，是兰科文心兰属植物的总称。文心兰植株轻巧、动感，花茎轻盈下垂，花朵奇异可爱，外形像飞翔的金蝶，花色亮丽，花形优美，观赏价值很高，是洋兰中的宠儿，在国际花卉市场非常受青睐。

植物生长调节剂在文心兰上的应用：

1. 增加切花植株新芽高度

用 30mg/L 吲哚丁酸溶液喷施文心兰切花品种“南茜”2 年生组培苗植株，每 10 天喷 1 次，共喷 6 次，可明显促进新芽生长和增加植株高度，可能与其促进文心兰气生根的形成与生长而有利于营养成分吸收有关。

2. 开花调节

在文心兰新芽初生期，用 200mg/L 赤霉酸或 200mg/L 赤霉酸 +25mg/L 苄氨基嘌呤的混合溶液叶面喷施，可使文心兰的花期显著提前，且使花朵变大，花莛长度增加。

在文心兰假鳞茎形成期，用 250mg/L 多效唑溶液叶面喷施，可使花期推迟和延长，使花莛矮化。另外，喷施 200mg/L 赤霉酸 +25mg/L 苄氨基嘌呤溶液可使文心兰花期显著提前。再者，喷施 200mg/L 赤霉酸 +10 ~25mg/苄氨基嘌呤还能使萼片和花瓣的长度显著增加，同时增加花莛长度，使整个花序呈下垂状态，进一步提高观赏价值。

九、杂交兰

杂交兰是国兰与大花蕙兰的种间杂交，集大花蕙兰的花大、色艳、花期长及国兰的幽香、典雅和韵味为一体，具有较高的观赏价值和市场前景。

植物生长调节剂在杂交兰上的应用：

1. 促进分株繁殖

杂交兰分株繁殖是把成簇的兰株以 2 代以上的连体为单位分离另植的繁殖方法，具有操作简单、成活率高、保持品质特性等优点。在杂交兰（品种为“黄金小神童”）分株繁殖时，将带一个腋芽的分生单株先用百菌清稀释 1000 倍液处理 0.5h，再用 500 ~1000mg/L 吲哚丁酸溶液速浸 5s，然后将其植于繁殖基质（为 7 ~12mm 的树皮，厚度为 6cm），可使分生出来的单株快速生根，根数量及鲜重均显著优于未处理。

2. 促进开花

在杂交兰“黄金小神童”和“基红美人”花芽分化前用 200mg/L 苄氨基嘌呤溶液，或 20mg/L 赤霉酸 +200mg/L 苄氨基嘌呤的混合溶液叶面喷施处理，均可明显提高两个杂交兰品种的花芽分化数，赤霉酸的添加对花芽分化作用有一定的增效作用，在较低温度下增效作用尤为明显。另外，在墨兰与大花蕙兰杂交选育的“玉女”杂交兰花芽长约 5cm 时，用棉花蘸取 400 ~800mg/L 赤霉酸溶液对花芽均匀涂抹，共涂抹2次，间隔15天，可促进花序的生长，使花朵变大，花期提早，败花率降低。

以四川凉山彝族自治州为例，季节不同使用苄氨基嘌呤催花的浓度不同。如"黄金小神童"在春末夏初催花（国庆前后开花），苄氨基嘌呤使用浓度约为100mg/L，连用2次，间隔7～10天，可有效促进花芽分化，使花箭数量达到4枝左右；在夏末秋初催花（春节前开花），苄氨基嘌呤使用浓度约为50mg/L，连用2次，间隔7～10天，可有效促进花芽分化，花箭数量能达5～6枝（彩图6-3）。另外，促花处理时最好配合磷酸二氢钾或其他高磷钾肥使用，以保证成花质量。

植物生长调节剂在木本观赏植物上的应用

木本观赏植物泛指所有可供观赏的木本植物，其茎是木质化的，树体主干明显，生长年限及寿命较长。木本观赏植物主要包括乔木、灌木、木质藤本和竹类。乔木的主干明显而直立，分枝繁茂，植株高大，分枝在距离地面较高处形成树冠，如松、杉、杨、榆、槐等；灌木则一般比较矮小，没有明显的主干，近地面处枝干丛生，如月季、栀子花、茉莉花等；木质藤本的茎干细长，不能直立，通常为蔓生，如迎春花、金银花、紫藤、凌霄、炮仗花、使君子等；竹类是观赏植物中的特殊分支，如紫竹、佛肚竹、毛竹等。另外，还往往根据观赏部位和特性把木本观赏植物分为观花类、观果类、观叶类、观干类和观形类等，其中观花、观果类主要欣赏其花形、花色及花香和果实的果形、果色；观叶、观干及观形类主要欣赏其树冠形态、整体姿态、树干颜色、树皮纹痕、枝条形态及颜色、树叶形状及颜色变化等。

木本观赏植物品种繁多，生态型丰富，株型、色彩多种多样，观赏特色迥异，可孤植或丛植于公园、庭院的草坪、池畔、湖滨或列植于道路两旁，也可在山地或丘陵坡地成片栽植。随着人们对园林绿地品质要求的不断提高，以观花、观叶、观果、观形为主的木本观赏植物在园林绿地中的应用日益增多。城市园林绿化多以各类乔、灌木为主，通常春夏季观花、叶，秋季观花、叶、果，冬季观果、枝干，形成城市园林绿化中独具特色的景观。观花、观果树种既能增加景观美感，又能引来昆虫、鸟禽等驻足嬉戏、鸣叫，使植物与动物和谐相处，营造出景观与人居环境融洽的氛围；观干、观叶类植物中的常绿针叶树种与落叶阔叶乔、灌木树种相互搭配成景，能很好地体现四季变化的自然美感。特别是一些彩叶树种（红叶李、山乌桕、红叶石楠等）的应用不仅可以改善绿色树种营造的单调、乏味感，还能增加景观的色彩变化及景观的灵动感。另外,一些木本观花植物不仅有美丽的颜色,还有不同的香味,例如茉莉的清香、含笑的甜香、白玉兰的浓香等,通过嗅觉影响人们对植物景观的观感。木本观赏植物除了广泛用于各类园林绿化之外,亦有部分用于盆栽、盆景和切花观赏。

植物生长调节剂在木本观赏植物上的应用主要涉及促进繁殖、调控生长、调节花期、贮运保鲜等各个方面。以下简要介绍植物生长调节剂在木本观赏植物上的部分应用实例。

一、白桦

白桦为桦木科桦木属落叶乔木,其枝叶扶疏,姿态优美,尤其是树干修直,树皮洁白如雪,被誉为“林中美少女”,可孤植、丛植于庭园、公园的草坪、池畔、湖滨或列植于道旁美化景观,是城市风景园林绿化的优选树种。

植物生长调节剂在白桦上的主要应用:

1. 促进扦插生根

白桦扦插繁殖时,取半木质化嫩枝,剪成长 10~15cm 的插穗,保留 1 对叶片,基部划几道伤痕。用 2000mg/L 吲哚乙酸溶液浸蘸基部 5s,随即扦插于用珍珠岩与泥炭配制的混合基质中,遮光保湿,可显著提高插穗生根率和生根数。

2. 提高移栽成活率

白桦对种植环境要求较为苛刻,移植后生根缓慢。用 200mg/L 吲哚乙酸溶液浸泡白桦裸根苗 6h 或 50mg/L 萘乙酸溶液浸泡 12h 后再移植,可显著提高成活率和生长势。

二、白兰花

白兰花又名黄葛兰、把兰等,是木兰科含笑属常绿阔叶植物,其枝干挺拔,树形美观,叶色翠绿,花朵洁白、香郁,是优良的园景观赏树种和著名的香花树种。白玉兰备受人们的青睐,在南方可露地栽培,常用作庭荫树和行道树;在北方是传统盆花,可布置庭院、厅堂、会议室等。

植物生长调节剂在白兰花上的主要应用:

1. 促进种子萌发

白兰花种子经 400mg/L 赤霉酸 + 200mg/L 苄氨基嘌呤的混合液浸种处理 48h 后,在湿度 50%、温度 7~10℃条件下层积 8 周,可有效打破种子休眠和提高发芽率。

2. 促进扦插生根

扦插育苗是目前白兰花的主要繁殖方法。从两年生以上白兰花母树上选取中上部粗壮、发育充实、无病虫害、腋芽饱满的当年生枝条,剪穗长 10~15cm,每穗保留上端 1~2 片叶,下端剪成马蹄形,将切好的插穗按 30~50 枝捆成一捆,用 500mg/L 吲哚丁酸溶液快蘸,随蘸随插,可促进生根。另外,用 200mg/L 萘乙酸溶液浸泡 24h,也可促使白兰花插穗生根成苗。

3. 调控盆栽植株株型和提高观赏性

用5%多效唑与0.1%丁酰肼的混合溶液土施和喷洒结合处理一年生盆栽白兰花幼苗，可降低株高，增加分枝，延长花期，明显提高观赏价值。土施是将上述混合溶液均匀施于树冠的投影范围内，药液渗下后覆土，仅处理1次；喷施则是在幼苗新梢长至5～10cm时开始，每隔15天喷1次，连续喷3次，喷药量以树体开始滴水为宜。

三、北美冬青

北美冬青又名轮生冬青、美洲冬青，为冬青科冬青属多年生落叶树种，其株型紧密，树形优美，秋季变身为金黄色或红色的色叶树种，冬季亮丽红果满缀枝头，十分耀眼和喜庆。北美冬青可孤植、群植、对植或作绿篱，具有较高的园林观赏价值，为良好的庭园观赏和城市绿化植物。另外，还可作为切枝或盆栽观赏。

植物生长调节剂在北美冬青上的主要应用：

1. 促进扦插生根

从3年生北美冬青（品种为"奥斯特"）植株上选取生长健壮、株芽饱满、无病害的当年生半木质化枝条，剪成一叶一芽、长度为2～3cm的插穗，采用平切口，切口平滑不损伤，上切口离芽0.5cm左右，插穗剪好后，洒水保湿，扦插前在500mg/L吲哚丁酸溶液中速蘸10s可显著提高插穗生根率、根数和根长。

2. 促进压条生根

从3～4年生北美冬青（品种为"奥斯特"）盆栽苗中选取直径0.3～1.5cm、长20～40cm的结果密集的枝（干）进行压条，用125～250mg/L萘乙酸+50～100mg/L吲哚丁酸的混合溶液处理环剥处可促进压条生根，生根率可达100%。

3. 矮化盆栽植株

用300mg/L多效唑溶液叶面喷施1年生北美冬青（品种为"奥斯特"）扦插容器苗，间隔7天喷施1次，共3次，可有效矮化盆栽北美冬青的株型，提高封顶枝比例，使株型紧凑饱满。不过，多效唑处理对北美冬青盆栽苗坐果数量有一定的副作用。

四、菜豆树

菜豆树又名幸福树、绿宝等，为紫葳科菜豆树属常绿小乔木。菜豆树树形美观，树姿优雅，花期长，花朵大，花香淡雅，花色美且多，几乎每个枝条都有花序，且一个花序轴上的许多花朵往往同时开放，排成一长串金黄色的花带，令人赏心悦目。因此，具有极高的观赏价值和园林应用前景，是热带、南亚热带地区城镇、街道、公园、庭院等园林绿化的优良树种。菜豆树属阳性树种，喜光照，耐半阴，生长较迅速；属深根性树种，喜疏松土壤及温暖湿润的环境，根系发达，具有极强的萌芽再生能力。

植物生长调节剂在菜豆树上的应用：

1. 促进侧芽发生及生长

菜豆树打顶后用50～100mg/L苄氨基嘌呤溶液全株喷雾，并着重处理新芽发生的位置，可促发新芽，并使后期冠型优良（彩图 7-1）。

2. 促进水培生根

选择整体长势良好、地上冠型优美的菜豆树植株作水培材料，剪掉根部大部分根系，并用水冲洗掉根部基质后备用。待根部水分稍干后，采用 250mg/L 吲哚丁酸 +250mg/L 萘乙酸混合液快浸根部 5 ~ 10s（彩图 7-2）。夏季温度较高时，处理 10 天后有明显的新生根系长出，30 ~ 45 天根系具有较好的观赏性。

五、茶梅

茶梅又名小茶梅、海红，是山茶科山茶属常绿灌木，其花形兼具茶花和梅花的特点，树形优美、花叶茂盛、花色艳丽、花期长，且易修剪造型，是赏花、观叶俱佳的观赏植物，在园林绿化中多用于点缀成景，配置花坛、花境，效果俱佳。另外，茶梅因树形较为低矮、枝条生长开放，特别适合盆植观赏，是布置会场、厅堂和点缀阳台、几案的理想佳品。茶梅盆栽还可造型制作盆景或利用老桩嫁接制作桩景。

植物生长调节剂在茶梅上的主要应用：

1. 促进扦插生根

选取生长健壮、无病虫害、无机械损伤的当年生半木质化茶梅枝条，剪取长度为 8 ~ 10cm、含 4 ~ 5 个芽、保留上部的 1 ~ 2 片叶的枝条作为插穗，插穗上端距第 1 个饱满芽约 1.5cm，上切口平剪，下切口斜剪。先用 0.1% 高锰酸钾溶液浸泡插穗 3min，之后在 1200mg/L 吲哚丁酸或 1000mg/L 萘乙酸溶液中速蘸 30s，随即扦插，可显著促进生根和根系生长。

2. 提高嫁接成活率

利用上百年的野生山茶老桩嫁接茶梅，具有资源丰富、成形快、当年能开花等优点。在秋末冬初的十月或阳春时节掘取山茶老桩，对断残老根要及时修剪，为促进发根、使根系发达，可用药棉蘸 3000mg/L 吲哚丁酸溶液涂布根部，待药稍干吸收后，按桩头大小分别盆栽于土中。经此处理，可提高嫁接成活率。

六、常春藤

常春藤又名中华常春藤、爬树藤，为五加科常春藤属多年生常绿藤本攀缘观叶植物，其枝叶稠密，叶形多变，叶色多样，四季常绿，观赏期长，且耐阴、耐修剪，适于造型，常用作室内垂吊栽培、绿雕栽培以及室外绿化。另外，常春藤还是一种优良的切花辅助材料。

植物生长调节剂在常春藤上的主要应用：

1. 促进扦插生根

选取一年生、生长健壮充实、无病虫害、节间长、无二次分枝的常春藤枝条作插穗，剪取带有 1 片叶和 1 个腋芽、长 3 ~ 4cm 的茎段作插穗，用 150mg/L 萘乙酸溶液浸泡插穗基部 5min 后轻插于珍珠岩基质，可促进生根和提高成活率。

2. 促进水培生长

取一或二年生、长度 10 ~ 15cm、粗细基本一致、生长健壮的常春藤插穗，枝条下部剪成楔形，上部平剪。在水培前用 500mg/L 吲哚丁酸溶液速浸插穗基部 5s 或用 30mg/L 萘乙酸 + 50mg/L 吲哚丁酸的混合液处理 12h，均有助于常春藤水培根系的诱导和生长，表现出生根早、生根量大和生长快等特点。

七、大叶黄杨

大叶黄杨又名四季青、卫矛、扶芳树，为常绿灌木或小乔木，其枝叶繁密，四季常青，叶片亮绿，且有许多花叶、斑叶变种，是一种优良的观叶树种。另外，它耐修剪性好，亦较耐阴耐寒，是城市园林和住宅庭院中常见的绿篱树种，亦可经整形环植门旁道边，或作花坛中心。

植物生长调节剂在大叶黄杨上的主要应用：

1. 促进扦插生根

取优良母树上当年生半木质化的大叶黄杨新梢作为插穗，一般以 4 个节（约 10 ~ 15cm，保留 2 ~ 3 个芽）为一段，上切口在芽的上部 0.5 ~ 1.0cm 处平剪，下切口斜剪，保留上部 2/3 的叶片。用 50 ~ 100mg/L 吲哚丁酸溶液浸泡大叶黄杨插穗基部 2h，可促进生根。另外，在 5 ~ 6 月剪取 1 年生健壮条作插穗，长约 10 ~ 12cm，插前用 500 ~ 1000mg/L 萘乙酸溶液或 500mg/L 吲哚丁酸 + 500mg/L 萘乙酸的混合液快蘸插穗基部 3 ~ 10s，促进生根和提高成活率（彩图 7-3）。

2. 控制植株生长和提高观赏性

用 20mg/L 烯效唑溶液叶面喷施大叶黄杨幼苗，可降低植株的垂直生长速度，增加横向生长量，使叶片颜色浓绿，叶片增厚，从而提高其观赏价值。

3. 绿篱植株的矮化整形

大叶黄杨植株长势较旺，成枝力强。为此，可用多效唑对大叶黄杨绿篱进行化学修剪。具体做法是：在 5 月份进行 1 次人工修剪，之后每隔 15 天用 0.1% 多效唑或 0.2% 矮壮素溶液喷施 1 次，连续喷 3 次，即可达到代替人工修剪矮化整形的效果。

八、倒挂金钟

倒挂金钟又名吊钟海棠、吊钟花、灯笼花、宝铃花和灯笼海棠等，为柳叶菜科倒挂金钟属常绿亚灌木，其花色艳丽，花形奇特，花期较长，是一种优良的观赏植物，盆栽适于客厅、花架、案头点缀，凉爽地区可地栽布置花坛。

植物生长调节剂在倒挂金钟上的主要应用：

1. 促进扦插生根

倒挂金钟开花后不易结实，通常用扦插繁殖。取当年生、尚未木质化的枝条，长 10 ~ 15cm，用剪刀截成带 1 个节的枝段作为插穗，上剪口距芽 1cm，下剪口在芽的下方 0.5cm 处，顶梢保留 1 对成熟叶片。插穗用 500mg/L 萘乙酸或 500 ~ 1000mg/L 吲哚丁酸溶液处理，促进生根显著。

2. 组织培养

倒挂金钟的组织培养可取茎段为外植体，增殖的最适培养基配方为 MS + 1.0mg/L苄氨基嘌呤 + 0.5mg/L 激动素 + 0.2mg/L 萘乙酸；最适生根培养基为 1/2MS + 0.5mg/L 萘乙酸 + 0.3% 活性炭。

3. 促进盆栽植株健壮生长

选择经扦插繁殖健壮的盆栽植株，用 50mg/L 赤霉酸溶液喷洒在已成形的枝叶上，每周 1 次，处理 3 ~ 4 次，使茎秆较长，经摘心后，可形成球形树冠，提高观赏价值。另外，在倒挂金钟树型促成栽培的过程中，喷施 250mg/L 赤霉酸溶液，可促使植株更加健壮。

4. 开花调节

在长日照条件下，倒挂金钟便开始花芽分化，如果在长日照开始时，使用 10 ~ 100mg/L 赤霉酸溶液进行叶面喷洒，则可以延缓其花诱导过程，推迟开花。

九、丁香

丁香为木樨科丁香属多年生灌木或乔木的统称，其品种繁多，枝叶繁茂，开花时花团锦簇，芬菲满目，清香远溢，且耐寒性强，栽培管理较易，在园林建设中具有独特的优势，常用于公园、庭院、街头绿地等，可孤植、对植、列植、片植，也可盆栽或作为切花观赏。

植物生长调节剂在丁香上的主要应用：

1. 促进扦插生根

在春季剪取新生叶已经成熟的枝条，穗长 12 ~ 15cm，去掉基部叶片，先用多菌灵稀释 800 倍液浸泡基部消毒，再用 100 ~ 200mg/L 吲哚丁酸溶液浸泡 14h 或 100mg/L 萘乙酸溶液浸泡处理 8h 后扦插。另外，剪取羽叶丁香约 15cm 长的硬枝或嫩枝作插穗，插前用 2000mg/L 吲哚丁酸溶液浸泡处理约 1min 或用 100mg/L 吲哚丁酸溶液浸泡 2 ~ 4h，可促进生根。

2. 矮化盆栽植株

在丁香扦插定植 1 周后，用多效唑溶液（用量为每盆 20mg）浇灌土壤，1 个月后浇灌第 2 次，可矮化植株，并促进侧枝生长。另外，用 1000mg/L 矮壮素溶液均匀喷洒在蓝丁香和什锦丁香枝叶上，可有效缩短节间长度，矮化植株。

3. 促进开花

在冬季用 100mg/L 赤霉酸溶液喷洒丁香休眠植株 3 次，可促进开花。

十、冬红果

冬红果为蔷薇科苹果属落叶灌木或小乔木，主要观赏特征是果实呈簇状，每簇 5 ~ 10 个果，果实小巧晶莹剔透，果色鲜红艳丽，观果期长。另外，易形成腋花芽，结果早，全株果实累累。因此，冬红果除了适合园林绿化栽培应用，也是盆栽和制作观果盆景的主要树种之一。

植物生长调节剂在冬红果上的主要应用：

1. 控制盆栽（盆景）植株旺长

处于休养期的冬红果盆栽（盆景），春季如果管理不当，会出现营养生长过旺的现象，严重影响当年花芽的形成。为此可于5月下旬开始每隔12天喷1次300～400mg/L多效唑溶液，连续喷2次，可有效控制新梢伸长生长，促使节间变短，茎干加粗，促进花芽形成。

2. 防止盆栽（盆景）植株落果

用30～50mg/L萘乙酸或赤霉酸溶液喷施，可防止或减少冬红果盆栽（盆景）落果，提高挂果能力，延长挂果期。一般在果实变红时开始喷第1次（9月中旬），以后每隔15天喷1次，连续喷施3次，喷施浓度由第1次的30mg/L逐次提高到50mg/L。

十一、杜鹃花

杜鹃花又名映山红，为杜鹃花科杜鹃花属。杜鹃花品种繁多，千姿百态，花色多而艳，观赏性较高，是举世公认的名贵观赏花卉，也是我国十大名花之一，已广泛用于盆栽或庭院、街道美化和园林小品配置。通常根据花期和引种来源，将杜鹃花分为毛鹃、东鹃、夏鹃和西鹃四大类。其中，西鹃植株矮壮，树冠紧凑，叶厚色浓，花色多样，花大，多重瓣，盛花时节，花团锦簇，色彩缤纷，花期长久，成为我国近年市场销售成品盆花的主要品种。

植物生长调节剂在杜鹃花上的主要应用：

1. 组织培养

杜鹃花的组织培养可以当年生幼嫩茎节作为外植体，初始培养基为改良Andersso+5mg/L玉米素+0.1mg/L萘乙酸，继代培养基为改良Andersso+5mg/L玉米素+0.1mg/L萘乙酸，生根培养基为MS+1.5～2.0mg/L萘乙酸。另外，也可以杜鹃花（品种为“大白杜鹃”“美容杜鹃”和“喇叭杜鹃”）当年生幼嫩茎段作为外植体，诱导愈伤组织培养基为改良MS+0.2mg/L萘乙酸+0.8mg/L噻苯隆，诱导丛生芽培养基为改良MS+0.2mg/L萘乙酸+0.08mg/L噻苯隆，壮苗培养基为改良MS+0.1mg/L激动素+0.2mg/L萘乙酸+2.0mg/L赤霉酸，生根培养基为1/2改良MS。再者，还可以西洋杜鹃幼嫩叶片为外植体，愈伤组织诱导培养基为Read+5.0mg/L玉米素，丛生芽诱导培养基为Read+1.0mg/L玉米素+0.01mg/L萘乙酸，生根培养基为Read+1.0mg/L吲哚丁酸+2.0mg/L萘乙酸+0.2mg/L玉米素。

2. 促进扦插生根

取杜鹃花健壮枝条约10cm作为插穗，用150mg/L吲哚丁酸溶液浸泡插穗18～20h，或用2000mg/L吲哚丁酸溶液快蘸5～10s，均可显著提高生根率。另外，也可在扦插后根部浇灌25mg/L吲哚丁酸+25mg/L萘乙酸的混合溶液（约30mL），浇后用适量清水冲洗叶片,可促使根系旺盛,地上部分生长整齐(彩图7-4)。

3. 矮化植株和提高观赏性

用50～70mg/L多效唑溶液喷施杜鹃花植株,可使其节间变短,叶面积变小,叶色加深,株型矮化密集,提高观赏性。另外,用1500～6000mg/L丁酰肼或100mg/L甲哌鎓溶液处理,均可抑制杜鹃花的营养生长,使其株型矮小,枝叶紧凑,开花集中。

4. 开花调节

用1000mg/L赤霉酸溶液每周喷洒杜鹃花植株1次,约喷5次,直到花芽发育健全为止,可以有效地延长花期达5周,且使花朵直径增加,又不影响花的色泽。另外,在杜鹃花开花前1～2个月,用1000mg/L丁酰肼溶液喷洒蕾部,可使整个花期延迟10天。喷洒时期越接近自然开花期,抑制开花的效果越低,故宜早使用。多效唑也能够延迟杜鹃花开花,可在杜鹃花摘心4～5周后,用15mg/L多效唑溶液土壤灌施,不仅能够降低植株的高度,还能推迟花期。再者,在杜鹃花花苞膨大期,用1333mg/L乙烯利溶液叶面喷施,可有效推迟开花7天左右(彩图7-5)。

十二、椴树

椴树为椴树科椴树属植物的统称,其品种约50多种,如紫椴、糠椴、华椴、南京椴、蒙椴等。大多数椴树树干高挺、树冠大、树姿优美,且萌芽能力强、生长较快、适应性强,是优良的行道树和庭园绿化树种。

植物生长调节剂在椴树上的主要应用:

1. 促进种子萌发

椴树种子存在深休眠现象,采用1000mg/L赤霉酸溶液处理6h,可有效打破休眠和提高种子发芽率。

2. 促进扦插生根

取2～3年生健壮糠椴的当年生半木质化新梢,插穗长10～15cm,留2片1/2叶。扦插前插穗基部用500mg/L吲哚丁酸溶液浸泡1min,可显著提高插穗生根率,增加成活苗的生根数和根长,明显缩短生根时间。另外,取2年生紫椴的当年生半木质化枝条的中上部剪制插穗,穗长8～12cm,保留1～2个侧芽和1～2片叶,每片叶约保留1/3,插穗上切口直切,且离最近的芽1～2cm,下切口单面斜切且距离最近的芽0.5～1.0cm。扦插前用100mg/L萘乙酸溶液浸泡8h可促进生根和提高成活率。

3. 促进植株生长

用200～400mg/L赤霉酸溶液喷洒1～2年生椴树植株全株,可促进幼树生长,增加株高。

十三、鹅掌柴

鹅掌柴为五加科常绿灌木,分枝多、枝条紧密。掌状复叶,小叶5～8枚,长卵圆形，革质，深绿色，有光泽；圆锥状花序，小花淡红色，浆果深红色。鹅掌柴是热带、亚热带地区常绿阔叶林常见观赏植物，被广泛应用于市政园林绿化和家庭盆栽，也可庭院孤植，是南方冬季的蜜源植物。春、夏、秋季盆栽鹅掌柴可放在庭院庇荫处和楼房阳台上观赏。另外，一些较大型的盆栽鹅掌柴，适用于宾馆大厅、图书馆的阅览室和博物馆展厅摆放，呈现自然和谐的绿色环境。

1. 矮化植株，提高观赏性

盆栽鹅掌柴采用 150mg/L 多效唑溶液全株喷雾，可有效控制植株旺长，并使叶色深绿、冠型饱满。

2. 增强植株抗冻性

盆栽鹅掌柴采用 5mg/L 诱抗素溶液全株喷雾，可减轻鹅掌柴冬季霜害和雪害，提高植株抗冻性（彩图 7-6）。

十四、鹅掌楸

鹅掌楸别名马褂木、双飘树，为木兰科鹅掌楸属落叶大乔木，其树干通直光滑，树姿高大挺拔，叶片大而形似马褂，秋季叶色金黄，花大而且清香，且生长快、耐旱、对病虫害抗性强，是一种著名的园林观赏树种。

植物生长调节剂在鹅掌楸上的主要应用：

1. 促进扦插生根

鹅掌楸自然结籽率较低，多采用扦插繁殖，主要以 1～2 年生枝条进行硬材扦插。一年可进行 2 次扦插，第一次于 3 月中旬，剪取去年生枝条进行硬枝扦插，第二次于春末夏初，插穗取材于枝条基部组织充实、芽子饱满部分。扦插前用 500mg/L 吲哚丁酸或 500mg/L 萘乙酸溶液速蘸处理，扦插深度为插穗长度的 1/2～2/3。另外，也可取当年嫩枝，将其剪成 10cm 长的插穗，每根插穗带 3～4 个芽，插穗上剪口平剪，下剪口斜剪。20 根一捆，用 100mg/L 萘乙酸或吲哚丁酸溶液浸泡基部 1h 可促进生根。

2. 促进苗木生长

用 100mg/L 吲哚丁酸和 30mg/L 苄氨基嘌呤溶液浇施移栽成活后鹅掌楸 2 年生实生苗，可显著促进苗木增高和增粗生长。

十五、发财树

发财树又称马拉巴栗等，为木棉科瓜栗属常绿小乔木。瓜栗树形似伞状，树干苍劲古朴，茎基部膨大肥圆，其上车轮状的绿叶辐射平展，枝叶潇洒婆娑，极具自然美，观赏价值很高。尤其用几株发财树植株编织在一起栽培利用，进一步提高了观赏价值和装饰效果。同时由于其对光的适应性强，较耐阴，栽培养护简单，极适合室内栽培。盆栽种植用于家庭、商场、宾馆、办公室等室内绿化美化装饰，可取得较为理想的观赏效果。

1. 促进桩头生根和根系生长

用200～500mg/L吲哚丁酸+200～500mg/L萘乙酸混合溶液快浸处理发财树桩头，可明显促进根系生长。另外，上盆后可采用25mg/L吲哚丁酸+25mg/L萘乙酸混合溶液喷淋，也可提升根系生长质量，使根多、根壮（彩图7-7）。

2. 促进侧芽发生和生长

发财树桩头茎秆平切和第1次割芽后为促进新芽生长的关键期，采用25～100mg/L苄氨基嘌呤+3～5mg/L复硝酚钠复配液全株喷雾处理，可提升发财树新芽的生长量和芽的整齐度（彩图7-8）。

3. 控制株型，提升叶面平整度

发财树第一次割芽后2～7天用250mg/L烯效唑全株喷雾处理，可明显控制后期枝条的生长速度，缩短节间距（彩图7-9）。

十六、富贵竹

富贵竹又名万年竹、开运竹，是龙舌兰科龙血树属常绿灌木状观赏植物。生产上常取富贵竹茎干为主材，将其剪切成不等长的茎段，捆扎成3、5或7层宝塔状或将茎干弯曲别致的富贵竹扎成一把用于水养观赏。

植物生长调节剂在富贵竹上的主要应用：

1. 促进扦插生根

从12个月株龄的富贵竹植株中剪取30～35cm长顶枝插穗，剥掉插穗基部第1张叶片，留裸茎2～3cm，先把插穗全部浸在1.0g/L甲基托布津药液中杀菌10s，然后将基部垂直放在同样浓度的甲基托布津溶液中浸泡24h。杀菌处理完后，用10mg/L吲哚丁酸溶液浸泡基部24h，可显著促进生根和根系生长，并获得长势基本一致的植株。

在金边富贵竹水培扦插繁殖时，选取8cm左右插穗（下部留4个节间，上部留2叶片，基部斜剪），用0.5%高锰酸钾溶液消毒30min后用清水清洗干净，待在清水中培养3天后再用5mg/L萘乙酸水培，可有效促进生根、增加根数。

2. 防止采后加工和贮运中黄化及品质下降

富贵竹在采后加工过程中，茎段上端切口易出现开裂、黄化、干枯等现象，下端切口在水养及贮藏运输中易出现黄化、软腐等现象，最终导致富贵竹整根茎段的死亡。用200mg/L硫酸铝+100mg/L抗坏血酸+200mg/L氯化钙+1%蔗糖+250mg/L 8-羟基喹啉柠檬酸盐+0.02%矮壮素+0.1%甲基托布津（70%）保鲜液于冬季浸渍富贵竹（株龄13个月）茎段两端各12h后，再瓶插于200mg/L硫酸铝+0.05mg/L二氯苯氧乙酸+10mg/L维生素B_5中，可很好地解决富贵竹茎段上端切口开裂、失水皱缩和黄化问题以及茎段基部黄化、植株腐烂、死亡等问题。另外，加工后的富贵竹成品货柜运输的温度保持为15～16℃，并配合含1.0mg/L苄氨基嘌呤+0.1%甲基托布津的保水剂包根处理，可显著降低贮运中的损失率。

十七、广玉兰

广玉兰又名大花玉兰、荷花玉兰、洋玉兰，为木兰科木兰属常绿乔木，其树姿雄伟壮丽，树冠庞大浓密，叶片厚实光亮、四季常青，花朵形似硕大洁白的荷花，芳香馥郁，可孤植、对植或丛植、群植配置，可作行道树和庭院观赏。在园林绿化中，广玉兰若与有色叶树种配植，往往能产生显著的色相对比，使景观色彩更为鲜艳和丰富。

植物生长调节剂在广玉兰上的主要应用：

1. 促进扦插生根

广玉兰叶片扦插时，一般在 7 ~ 8 月进行，从枝条上部取叶作扦插材料。扦插前用 500mg/L 萘乙酸溶液快蘸 15s，可促进生根。

2. 促进压条繁殖

高空压条是广玉兰常用的繁殖方法，但实践中生根率和成活率往往不高。为此，可在环剥时用棉球蘸 1000mg/L 萘乙酸溶液涂一下环剥处，可加快生根和提高移栽成活率。

十八、桂花

桂花又名木樨，为木樨科木樨属常绿乔木，主要品种有金桂、银桂、丹桂和四季桂。桂花树冠圆整，叶茂而常绿，飘香怡人，是优良的观赏性芳香植物，也是我国十大传统名花之一，在园林绿化上应用十分广泛。

植物生长调节剂在桂花上的主要应用：

1. 促进种子萌发

桂花种子内果皮极坚厚，含有角质层，水分和氧不易透过，对其种子萌发有影响。采用 3000mg/L 赤霉酸溶液浸泡 2 天后再低温层积处理（用湿纱布卷裹好，外套塑料袋，放入 3 ~ 5℃冰箱中）60 天可打破桂花种子的休眠，并提高桂花种子发芽率。

2. 促进扦插生根

桂花扦插时，剪取夏季新梢（当新梢停止生长，并有部分木质化），截成 5 ~ 10cm 的插穗，每一插穗仅留上部 2 ~ 3 片绿叶，插穗基部置于 500mg/L 吲哚丁酸溶液中浸渍 5min，晾干后插于苗床中，苗床覆盖遮阴，可使发根提前，成活率提高。另外，在 5 月下旬至 7 月中下旬，取桂花半木质化稍强的枝条，长约 10cm 或更短些，留上部 2 ~ 3 叶片。剪好的插穗下端对齐，30 ~ 50 株 1 捆扎好。然后将插穗整齐竖直地排放在配制好的 100mg/L 萘乙酸溶液中浸泡 6 ~ 8h 即可取出，用清水清洗一下根部，即可扦插。再者，用 200mg/L 吲哚丁酸溶液浸泡处理半年生丹桂插穗 0. 5h，然后插于河沙与草木灰的混合基质中，可明显提高扦插成活率。

3. 促进压条繁殖

在已经开过花的桂花树上，选择树形较好、无病虫害，直径为 3cm 左右的枝条进行环状剥皮，在伤口处涂上浓度为 50mg/L 的萘乙酸或萘乙酸钠溶液，再用湿润的苔藓和肥沃的土壤均匀混合敷在伤口处,外面用塑料带扎好,再灌足水,经常保持土壤湿润,可有效促进压条繁殖。

4. 促进移栽成活

在桂花移栽前 1 ~3 年进行断根处理,一般以离地面 15cm 处按树干胸径的 3 ~4 倍为半径画圆(以树干为圆心),沿圆圈挖宽 20 ~30cm、深 50 ~60cm 的沟,将沟内侧根切断,并用 10mg/L 萘乙酸溶液进行根部喷施并填好土,以促其萌发新根。定植时,在根部特别是裸根部,喷施 10mg/L 萘乙酸溶液,可促进新根生长和提高成活率。

5. 矮化盆栽植株和提高观赏性

盆栽桂花以株型矮小紧凑、茎部粗壮、花繁叶茂为佳,为此可在每年春季抽梢前叶面喷施 1 次 800mg/L 多效唑溶液,使新叶变小变厚,节间缩短,植株显得紧凑耐看,观赏价值明显提高。另外,用 1500mg/L 多效唑或 6000mg/L 矮壮素溶液喷施 3 年生盆栽桂花,可使桂花植株矮化,新梢茎显著增粗,且桂花花量增加,花期延迟。

十九、国槐

国槐又名槐树、家槐、中国槐等,为豆科蝶形花亚科槐属落叶乔木。其树姿优美,树冠宽广,枝叶生长茂密,生长速度中等,寿命长,栽培容易,适应能力强,是我国城市园林绿化优选的行道树和庭荫树。

植物生长调节剂在国槐上的主要应用:

1. 促进种子萌发

国槐种子存在硬实性,不利于种子萌发,用 150mg/L 赤霉酸、萘乙酸或吲哚丁酸溶液浸泡种子 1h,可明显促进萌发和提高萌发率。若在上述溶液处理之前先将国槐种子用 98% 浓硫酸浸泡 10min,更有利于打破种子休眠和促进萌发。

2. 疏花疏果

国槐开花结果过于旺盛,会消耗大量树体生长的营养成分,严重影响其生长量,容易造成国槐营养不良,使树叶变黄,树体衰弱和树势矮化,加快国槐的老化速度。另外,国槐开花结果期间花絮随风脱落会影响市容环境。为此,可用 80mg/L 萘乙酸溶液喷施国槐花蕾,脱蕾效果明显,既降低坐果率又促进国槐生长。

二十、含笑

含笑又名香蕉花、含笑梅、酒醉花等,是木兰科含笑属常绿灌木,其树形幽雅,四季葱茏,花开时花冠常不张开而下垂,倩笑半含,吐放出极似香蕉的清香,是我国重要而名贵的园林花卉,常植于江南的公园及庭院,也是庭园和居室盆栽的常见树种之一。

植物生长调节剂在含笑上的主要应用:

1. 促进种子萌发

将含笑(品种为"福建含笑")种子在 1200mg/L 赤霉酸溶液中浸泡 12h 或

1500mg/L赤霉酸溶液中浸泡8h后，再在50℃水浴中浸种30min，可促进种子萌发和提高萌发率。

2. 促进扦插生根

含笑属于扦插难生根的树种，为愈伤组织生根型。在6月至9月取含笑半木质化稍强的枝条，长约10cm，也可更短些，留上部2～3片叶。插穗基部用500～1000mg/L吲哚丁酸或萘乙酸溶液浸蘸5s，或者用100mg/L吲哚丁酸溶液浸泡2h，稍晾后再扦插，均可促进生根。另外，含笑还可用水插繁殖，具体做法是：从地栽含笑植株中选取健壮、长约10cm的1、2年生枝条作为插穗，保留上部2～3片叶，且插穗切口要平滑。将剪下来的插穗用0.3%高锰酸钾溶液浸泡40min，然后用清水清洗多次，并于水插前用3mg/L萘乙酸或吲哚丁酸溶液浸泡基部2～6h，可提高插穗生根率和生根数。

二十一、黑果腺肋花楸

黑果腺肋花楸又名野樱莓、不老莓，为蔷薇科腺肋花楸属落叶灌木，树形小而美观，入秋叶色变红，整个冬天果实可宿存树上，具有四季皆宜的观赏效果，是集花、叶、果观赏于一体的园林绿化优良树种，加之耐阴、抗寒、抗旱性强，已在城乡园林绿化中得到较为广泛的应用。

植物生长调节剂在黑果腺肋花楸上的主要应用：

1. 促进种子萌发

黑果腺肋花楸种子具有深休眠性，用200mg/L苄氨基嘌呤溶液浸泡种子2天，可打破种子休眠和提高发芽率。

2. 促进扦插生根

在2月份剪取一年生黑果腺肋花楸枝条存于0～5℃窖内，于4月下旬取出剪成12～13cm长度的插穗，扦插前将插穗基部于50mg/L吲哚丁酸或萘乙酸溶液中浸泡24h，可显著促进根系生长和提高成活率。

二十二、黑金刚橡皮树

黑金刚橡皮树又名黑金刚，为桑科常绿乔木。树皮灰白色、平滑，叶片具长柄、互生、厚革质。橡皮树虽喜阳但又耐阴，对光线的适应性强，极适合室内盆栽观赏，也可栽入庭园，独木成林，是庭园常见的观赏树及行道树。

植物生长调节剂在黑金刚橡皮树上的应用：

1. 促进水培生根

选择整体长势良好、地上冠型优美的黑金刚橡皮树植株作水培材料，剪掉根部大多数根系，并用水冲洗掉根部的基质后备用，待根部水分稍干后，用250mg/L吲哚丁酸+250mg/L萘乙酸混合溶液快浸根部5～10s，可促进发根和根系生长（彩图7-10）。一般处理后5天有明显的愈伤组织，30天后大量根系长出。

2. 促进生长，提高观赏性

为了提高黑金刚橡皮树长势，增大植株冠型，打顶后可用100mg/L苄氨基嘌呤+3~5mg/L复硝酚钠复配液全株喷雾（彩图7-11）。另外，黑金刚橡皮树提高长势时要谨慎使用赤霉酸以及含有赤霉酸的药剂，因为黑金刚橡皮树对赤霉酸非常敏感，低用量就可使其徒长，影响观赏性。

二十三、红檵木

红檵木为金缕梅科常绿灌木或小乔木，其树姿优美，花叶俱佳，艳丽夺目，别具一格，1年内能多次开花，发枝力强，耐修剪，耐蟠扎整形，可以制作树桩盆景，也是美化公园、庭院、道路的优良观赏树种。

植物生长调节剂在红檵木上的主要应用：

1. 促进扦插生根

红檵木扦插繁殖成本低，效益高，苗木质量好，同时能保持母本的优良特性，并能使植株提前开花。扦插时，选取生长健壮的一年生枝条截成长10~15cm的插穗，每条插穗上有3~4个芽和适量叶片，在距插穗最上面的芽约1cm处剪平上切口，下切口紧靠插穗最后一个芽的基部。剪后浸水，然后用0.5%高锰酸钾溶液消毒。消毒后的插穗用90mg/L萘乙酸溶液处理6h，然后插于沙土中，扦插的生根率、成活率都明显提高。另外，取当年生半木质化的红檵木嫩枝，将其剪成插穗，基部置于200mg/L吲哚乙酸溶液中浸泡6~8h，然后插入以蛭石作基质的盆内，用薄膜覆盖保湿。插后15天开始生根，1个月后生根率达90%以上。

2. 矮化植株，减少修剪量

在红檵木修剪24h后，用600mg/L胺鲜酯+600mg/L乙烯利+167mg/L烯效唑的混合溶液叶面喷施，可使新梢节间缩短，叶片变厚，颜色加深，增加观赏性，减少修剪次数（彩图7-12）。

3. 促进开花

在红檵木修剪前1周和修剪后2周，用50mg/L多效唑溶液叶面喷施，有利于花芽的分化与形成。在花芽形成后，即肉眼能识别花蕾时，用50~100mg/L赤霉酸溶液叶面喷施，每隔3天1次，连续3~4次，可促进开花。

二十四、红千层

红千层又称瓶刷子树、红瓶刷、金宝树等，为桃金娘科红千层属的常绿乔木，主干直立，嫩枝红色，枝条密集且细长柔软，金黄或鹅黄色叶片密集分布于锥形树冠，树形十分优美，其分枝性能好又耐修剪，生长速度快，被广泛用于庭院景观、小区绿化和道路美化。

植物生长调节剂在红千层上的主要应用：取两年生红千层木质化或半木质化的嫩枝剪成约9cm的插穗，然后立即放入水中，每30根扎成1捆，用100mg/L萘乙酸溶液浸泡插穗2h，扦插前放入5%多菌灵消毒20min，捞出并用清水冲洗干净后蘸糊状滑石粉扦插于混合基质中，平均生根率可达90%以上，且生根及新梢抽出时间早，侧根数量多。

二十五、红瑞木

红瑞木又名红梗木、凉子木等，为山茱萸科梾木属落叶灌木，其树形优美、枝干挺拔，聚伞状花序大而亮丽，枝干及秋叶为红色，颇为美观。春夏观花，秋赏红叶，周年观茎，且适应能力强，耐寒、耐修剪，适宜栽植于绿地、河岸湖畔等，是理想的庭院绿化观赏树种。

植物生长调节剂在红瑞木上的主要应用：

红瑞木播种繁殖存在隔年发芽现象，因此扦插常作为其主要繁殖方式，但红瑞木在自然条件下扦插成活率不高，繁殖效率低。于3月份剪取红瑞木早春硬枝直径0.3～0.7cm的一年生枝条，在上端距顶芽1cm处剪为平口，下端于最末端芽对面剪为斜口，插穗长约16～18cm。将插穗(100支1捆)基部6cm处在500mg/L萘乙酸溶液中浸泡3～6h，促进生根和成活。另外，红瑞木硬枝容器扦插时，用150mg/L吲哚丁酸溶液浸泡插穗2h，并采用泥炭：珍珠岩：蛭石＝1：1：1的扦插基质，扦插成活率高。再者，红瑞木绿枝扦插前用40mg/L萘乙酸溶液浸泡插穗6h处理，可明显提高生根率、生根条数和根长。

二十六、红叶李

红叶李又名紫叶李，为蔷薇科李属落叶小乔木，树冠圆球形，以叶色艳丽而闻名，嫩叶鲜红，老叶紫红，花叶同放，观赏期长，是一种优良的观叶、观花树种。加之适应性强、萌蘖性强、耐湿，红叶李在园林绿化中被广泛应用于丛植、片植及行道树种植，也是园林绿化中色块组合的重要树种。

植物生长调节剂在红叶李上的主要应用：

深秋落叶后从树龄3～4年红叶李母树上剪取无机械损伤、无病虫害、直径3～10mm的优质当年生健壮萌条或枝条作为插穗，剪成40～50cm枝段，按100～200枝打捆，湿沙贮藏。将刚剪下或湿沙贮藏的插穗，剪去细弱枝和失水干缩部分，最好选木质化程度较高的插穗中下部，自下而上将长枝条剪成10至12cm长、有3～5个芽的插穗。插穗上端离芽眼0.8～1cm处平剪，50～100个为一捆。扦插前用50mg/L萘乙酸溶液浸泡2h，可促进生根和成活。另外，扦插前用100mg/L吲哚丁酸＋200mg/L萘乙酸的混合溶液浸蘸插穗基部下端2～3cm约5～10s，也可促进生根成活和苗木生长。

二十七、红叶石楠

红叶石楠是蔷薇科石楠属杂交种的统称，因其新梢和嫩叶鲜红而得名，为常绿小乔木或灌木。春秋两季,红叶石楠的新梢和嫩叶火红,色彩艳丽持久,极具生机。在夏季高温时节,叶片转为亮绿色,给人清新凉爽之感。红叶石楠生长速度快,且萌芽性强、耐修剪,可根据园林需要栽培成不同的树形。红叶石楠为彩叶树种,在环境的美化与绿化中应用广泛。红叶石楠作行道树,其树干立如火把;做绿篱,其状卧如火龙;修剪造景,形状可千姿百态,景观效果美丽。一至二年生的红叶石楠可修剪成矮小灌木,在园林绿地中作为地被植物片植,或与其他色叶植物组合成各种图案,红叶时期,色彩对比非常显著。另外,红叶石楠也可培育成独干不明显、丛生型的小乔木,群植成大型绿篱或幕墙,在居住区、厂区绿地、街道或公路绿化隔离带应用。

植物生长调节剂在红叶石楠上的主要应用:

对红叶石楠进行修剪后用250mg/L烯效唑溶液均匀喷施,可有效控制新梢旺长,提高观赏性。另外,还可减少修剪次数,节省养护人工成本。

二十八、火棘

火棘又名火把果、红子、赤阳子等,为蔷薇科火棘属多年生常绿灌木,其枝繁叶茂,春、夏银花满树,秋、冬红果累累,十分美观。加之火棘适应性强,生长迅速,耐修剪,易成形,可作绿篱或成丛栽植,也很适宜盆栽和制作树桩盆景。另外,火棘果枝还可作切花瓶插观赏。

植物生长调节剂在火棘上的主要应用:

1. 促进种子萌发

由于火棘种子包被角质而发芽缓慢,用45%浓硫酸浸种30min、温水浸种1h后,再用5mg/L赤霉酸溶液处理10min,可明显提高其发芽势和发芽率。

2. 促进扦插生根

选择1年生火棘枝条,剪成约10cm长插穗,然后将插穗基部2~4cm部分浸入0.1mg/L萘乙酸溶液中处理10s后土培或沙培,有利于插穗生根。另外,取火棘健壮、带果实的枝条剪成10~15cm插穗,并留2~3串果实,在扦插前用50mg/L萘乙酸+50mg/L苄氨基嘌呤的混合液浸泡插穗基部3h,可加快生根。这种带果扦插方法可大大缩短火棘的生长和挂果周期,使提早上盆造型,成为微型盆景。

3. 改善盆栽(盆景)株型和提高观赏性

在盆栽3年生扦插火棘开花前20天左右,用500mg/L多效唑溶液叶面喷施处理,可使新梢缩短,叶片变小、变厚,初花期延迟,花期延长,结果量增多,果梗变短,明显提高盆栽(盆景)火棘的观赏价值。另外,用300~500mg/L多效唑溶液喷施3年生未结实盆栽火棘实生苗(初步修剪造型),以叶片湿润为止,半个月后再重喷1次,可改善火棘的株型,提高火棘盆栽(盆景)的观赏价值。

4. 减少开花结果

对于火棘生产者来说,为加快生长速度,并不希望过多地开花结果。为此,在火棘盛花期叶面喷施167~250mg/L萘乙酸水剂,可有效减少火棘结果,有利于苗木生长（彩图 7-13）。

二十九、夹竹桃

夹竹桃又名柳叶桃、半年红，为夹竹桃科夹竹桃属常绿大型灌木，夹竹桃叶片如柳似竹、四季常青，常见花色有红色、黄色和白色，有略微的香气，花期长，常植于公园、绿地、路旁、草坪边缘和交通绿岛上，既可单植，亦可丛植。另外，夹竹桃适应性强、萌蘖性强，对二氧化硫、氯气、烟尘等有较强的抵抗力和吸收能力，不仅适用于庭院、甬道、建筑物周围、主干道路等的绿化，而且也是污染区理想的绿化树种。

植物生长调节剂在夹竹桃上的主要应用：

1. 促进扦插生根

夹竹桃的繁殖方式目前主要以扦插繁殖为主。扦插时，选择 1、2 年生的半木质化枝条，剪成 15～20cm 带 2～3 个芽的小段，留 1～2 个叶片，上剪口的位置在芽上方 1cm 左右，下剪口在基部芽下 0.5～1cm 处或靠近节处，用 400mg/L 吲哚乙酸溶液速蘸插穗基部或在 200mg/L 萘乙酸溶液中浸渍 10min，可促进插穗生根和成活率。另外，从夹竹桃健壮母株中选取粗度约 0.5cm、生长健壮的半木质化当年生枝，剪下放入清水中清洗剪口的分泌液，浸泡 2 天，将浸过水的枝条剪除顶梢后剪成长约 15cm 的茎段作为插穗，保留上部 4～5 片叶。剪好的插穗用 0.5% 高锰酸钾溶液浸泡 20min 消毒，用清水冲洗后晾干，置于 200mg/L 吲哚丁酸或 200mg/L 萘乙酸溶液中浸泡 12h，然后在清水中水插培养，可促进生根和根系生长。

2. 整形促花

夹竹桃多实施修剪造型绿化，但修剪后的枝条长势强，树冠形状变化大，须常修剪，并造成花量减少甚至不开花，花期也明显缩短。为此，在新梢萌动时或新梢长 10～15cm 时叶面喷施 1500mg/L 多效唑溶液，对夹竹桃具有良好的整形促花效果。

三十、金边瑞香

金边瑞香为瑞香的园艺变种，是瑞香科瑞香属常绿小灌木，其叶质较肥厚，四季常绿，花团锦簇，花香宜人，浓香扑鼻，是我国传统名花之一。特别是盆栽金边瑞香，株型小巧优美、花朵清纯、香气浓郁，花期正值新春伊始，契合了人们“瑞气盈门”“花开富贵”的美好愿望，是一种很受欢迎的年宵花卉。

植物生长调节剂在金边瑞香上的主要应用：

1. 促进扦插生根

取当年生金边瑞香的半木质化枝条，剪取 6～8cm 长的插穗，保留枝条上部 3～4 片叶，扦插前用 100mg/L 萘乙酸溶液浸泡 10min，可促进生根成活。另外，插穗扦插前在 200mg/L 萘乙酸 + 300mg/L 吲哚丁酸 + 50mg/L 维生素 C 溶液中浸泡 3min，可明显提高生根率。

2. 控制组培苗移栽后株型和提高观赏性

金边瑞香组培苗具有无病毒、生长快速、叶片宽大平整、苗木质量高等优点，在生产中越来越广泛，但其在移栽后，往往表现生长前期顶端优势强烈，不萌发侧枝，影响了其株型与观赏价值。为此，对1年生金边瑞香组培苗土壤浇施300mg/L多效唑溶液，可抑制顶端优势，显著降低植株高度，提高观赏性。

三十一、金花茶

金花茶为山茶科山茶属金花茶组的常绿灌木或小乔木，其花朵单生于叶腋，花色金黄，金瓣玉蕊，鲜丽俏致，叶质光亮深绿，具有很高的观赏价值，被誉为“茶族皇后”“植物界的大熊猫”，为世界珍贵稀有的观赏植物和种质资源。金花茶是山茶科植物中唯一带有黄色基因的植物，还可以利用其黄色基因，将其与各种颜色的山茶父本进行远缘杂交，培育出稀有的观赏品种。

植物生长调节剂在金花茶上的主要应用：

1. 促进扦插生根

于4～5月份选择生长健壮无病虫害、具饱满腋芽的一年生金花茶春梢枝条作插穗，插穗长度5cm左右，上切口平切，切口距第1芽1cm左右，下切口45°斜切，保留1片全叶，每30枝插穗扎成1捆备用。扦插前插穗基部用1000mg/L萘乙酸溶液浸泡2.5h，可促进生根和提高成活率。另外，金花茶插穗用100mg/L萘乙酸和吲哚丁酸等体积的混合溶液浸泡24h，扦插在基质为黄心土的插床上，也可明显提高成活率。

2. 促进空中压条繁殖

选择生长健壮、木质化较好、枝条年龄为3～5年、分布于金花茶树冠外围中上部、向阳的枝条，在其光滑部位环割两刀，两刀口相距约3cm，深度仅达木质部。将两割口之间的皮层全部剥除，刮净附在木质部的形成层。用毛刷蘸1000～1500mg/L萘乙酸和吲哚丁酸的等体积混合溶液均匀涂抹环割口处，再将黄心土加入适量的水，围着环割口及周围形成纺锤形的泥团，用薄膜将整个泥团包好。可明显提高金花茶压条繁殖苗的生根率。

3. 改善株型结构和提高观赏性

金花茶在栽培中，易出现枝叶稀疏、株型结构较为分散的情形。用1800～2000mg/L多效唑溶液对10年生、重剪过的金花茶盆栽植株进行土壤施药处理，可明显缩短枝条节间、增加短枝比例和增加分枝数目，从而提高观赏性。

三十二、金露梅

金露梅又名金老梅、金蜡梅，为蔷薇科委陵菜属落叶灌木，其株型美观秀丽，花色金黄、花形似梅，花量大，花期长，加之对干旱和贫瘠适应能力强，在园林绿化中被广泛应用。金露梅适宜在园林中作花篱，可孤植于园路石级一侧或亭、廊角隅，可配植于高山园或岩石园，也可片植于公园、花园等处点缀在草坪中、花地边缘，也很别致。另外，金露梅枝干柔韧容易塑形，生命力强，耐修剪，适合作盆景树。

植物生长调节剂在金露梅上的主要应用：

目前扦插是金露梅的主要繁育方法。扦插时，剪取当年生枝条中上段半木质化部分，剪后立即放在水桶里，插穗剪成长约10cm的枝条，插穗上端切口不要远离叶或节的位置，应从长叶处稍上一点成直角剪切，仅留顶端2～3片复叶，其余叶片从叶柄基部剪除，基部切口削成马耳形，切面平滑。扦插前用500mg/L萘乙酸或1000mg/L吲哚丁酸溶液处理，时间为15s，对插穗生根起到良好的促进作用。另外，用200mg/L萘乙酸或吲哚丁酸溶液处理金露梅硬枝插穗3min，也可有效促进插穗成活。

三十三、金丝桃

金丝桃又名金丝海棠，为金丝桃科金丝桃属常绿或落叶灌木，其花冠状似桃花，色泽金黄，雄蕊纤细，灿若金丝，绚丽可爱，花期长，是一种优良的园林绿化植物，广泛应用于园林景观的绿岛或分隔带和小庭园，常配置成一列花木或丛栽于灌木旁花圃、花坛、草坪，或用作花篱、花径等。

植物生长调节剂在金丝桃上的主要应用：

1. 促进种子萌发

对金丝桃种子采用人工湿润低温处理的方法，可打破其休眠，促进萌发。赤霉酸溶液处理对金丝桃种子萌发有极明显的促进作用。可将种子撒在浸有500mg/L赤霉酸溶液的滤纸、纱布上，置于1～4℃下放20天再行播种，在气温达15～25℃范围内，可得到理想的出苗效果。

2. 促进扦插生根

金丝桃的硬枝扦插在3月上、中旬进行，剪取3～5年生母本的硬枝作为插穗，长10～15cm。插前将插穗基部在500mg/L萘乙酸溶液中蘸5s，可促进生根和加快成活。

3. 防止盆栽植株新梢徒长

在盆栽金丝桃新梢长10cm以下时，可用1000～1500mg/L丁酰肼溶液喷洒叶面，共2次，间隔10天，有很好的控梢、防徒长的效果。

三十四、金银花

金银花又名忍冬、金银藤，为忍冬科忍冬属半常绿木质藤本，其植株轻盈，姿态优美，藤蔓缭绕，金花间银蕊，色美芳香，加之适应性强，根系发达，耐寒、耐旱和耐湿，常用于花架、花廊、屋顶花园、庭院绿化，也可盆栽或制作盆景摆置、观赏。

植物生长调节剂在金银花上的主要应用：

1. 促进种子萌发

金银花种子经100mg/L赤霉酸溶液浸泡处理12h，可促进萌发和提高发芽率。

2. 促进扦插生根

将生长3个月的小叶金银花组培苗剪成长度约10cm的茎段，基部削成平滑的斜面，以 100 根扎成一捆，扦插前用 30mg/L 吲哚丁酸溶液浸泡插穗基部 30s，可促进生根、发芽和提高成活率。

3. 控制盆栽植株茎蔓旺长

在盆栽金银花枝条萌出 5cm 左右时，用 700 ~ 1000mg/L 多效唑或 1000 ~ 2000mg/L 矮壮素溶液进行叶面喷施处理，可抑制茎蔓旺长，矮化树形。

4. 促进开花

在金银花叶片完全展开且花芽分化前喷施 300 ~ 1000mg/L 赤霉酸溶液，可使金银花的始花期提前 4 ~ 6 天、盛花期提前 8 ~ 10 天，而且还提高金银花的花蕾长度，改善开花品质。

三十五、蜡梅

蜡梅原名黄梅，是蜡梅科蜡梅属落叶丛生灌木，其姿态优美，花黄如蜡，清香四溢，色香俱备，品格高雅，被誉为“花中君子”，是我国特产的传统名贵观赏花木，在园林观赏方面被广泛应用。蜡梅的栽培变种有素心蜡梅、磬口蜡梅、狗蝇蜡梅和小花蜡梅，其中素心蜡梅在切花中应用最普遍。另外，蜡梅也可通过造型做成“疙瘩梅”“垂枝梅”等形态各异的桩景。

植物生长调节剂在蜡梅上的主要应用：

1. 促进扦插生根

从生长健壮的蜡梅母株上剪取当年生半木质化枝梢 8 ~ 10cm，并保留顶端 2 ~ 4 枚叶片。把剪好的插穗基部置于 50mg/L 萘乙酸或吲哚丁酸溶液中浸泡 3 ~ 5h，或用 500mg/L 上述溶液进行快蘸处理，均可促使插穗提早生根，并提高成活率。

2. 切花保鲜

蜡梅切花在运输和瓶插过程中常出现香味散失和花朵脱落等衰老现象。蜡梅切花采后置于 5% 蔗糖 + 15mg/L 苄氨基嘌呤 + 100mg/L 硫代硫酸银 + 0.5% 硝酸钙或 5% 蔗糖 + 15mg/L 苄氨基嘌呤 + 100mg/L 8-羟基喹啉硫酸盐等预措液中预处理 4h 再瓶插，可获得较好的保鲜效果。另外，将切花直接插入 4% 蔗糖 + 5 ~ 10mg/L 苄氨基嘌呤 + 25 ~ 50mg/L 8-羟基喹啉硫酸盐的保鲜液中也能推迟花的衰老，延长瓶插寿命。再者，将蜡梅切枝插入含 5mg/L 氯吡苯脲的瓶插液中，可促进花朵开放和延长插瓶寿命。

三十六、蓝花楹

蓝花楹为紫葳科蓝花楹属高大乔木，其树姿优美绮丽，高大壮观，树冠呈椭圆形，绿荫如伞，枝梢舒展；蓝紫色花朵缀满枝头，壮观典雅，花期又长；具有大型羽状复叶，叶绿轻盈，疏密有致；果实造型奇特，像两片龟壳贴在一起，经久不落。总之，蓝花楹可观树形、观花、观叶、观果，四季风姿奇特，在园林景观应用中可作为行道树、孤植树和庭院树，并起着点缀空间、彩化环境、作为景观地标的作用，增加园林景观的色彩，为人们提供浪漫、宁静、清爽的空间环境。

植物生长调节剂在蓝花楹上的主要应用：

1. 促进种子萌发

蓝花楹种子在自然条件下发芽率较低，导致其有性繁殖能力和繁殖系数偏低。不过，蓝花楹种子经100～200mg/L吲哚乙酸或200mg/L萘乙酸溶液浸泡处理24h，可明显促进萌发和提高发芽率。

2. 加速培养壮苗

蓝花楹苗期生长迅速，但树干柔弱易倒伏，给壮苗培育带来较大挑战。用100mg/L多效唑或400mg/L矮壮素溶液喷施处理蓝花楹成品苗（胸径约3.8cm），每周喷施2次，连续喷3周，可明显增进植物横向生长，即促进树干胸径生长，若结合抹顶芽处理，可达到快速培育高质量蓝花楹苗木出圃的目标。

三十七、蓝雪花

蓝雪花又名蓝花丹、蓝花矶松、蓝茉莉、蓝雪丹，为蓝雪科蓝雪属多年生常绿灌木，其花序集生于枝端或腋芽的短柄上，花朵呈青蓝色，集生如绣球状，淡雅秀美，叶色翠绿。可盆栽蓝雪花用于点缀居室、阳台及公共场馆等，也可与其他观赏植物进行组合造景，用于城市建筑物、道路、立交桥绿化，还可丛植于树缘或草坪边缘，也可修剪制成花树、绿篱等，当花盛开时美不胜收。

植物生长调节剂在蓝雪花上的主要应用：

选取4～5年生成熟蓝雪花植株作为取穗母株，用锋利剪刀剪取带有顶芽、生长健壮、半木质化的幼嫩枝条作为插穗，插穗保留2～3节，长5～8cm，从叶柄底端剪去插穗最下端的2片叶，插穗底端紧靠节部位平剪，插穗上部保留2～3片嫩叶，较大的叶片要剪去1/3～1/2。扦插前用经1000mg/L萘乙酸或1500mg/L吲哚乙酸或1500mg/L吲哚丁酸溶液浸蘸30s插穗基部，然后插于蛭石河沙混合基质，可促进生根和提高成活率。另外，用50mg/L萘乙酸＋50mg/L吲哚丁酸的混合液浸泡插穗10min在提高蓝雪花扦插生根率和平均根体积方面有较优良的效果。

三十八、棱角山矾

棱角山矾又名阳光山矾、留春树或山桂花，为山矾科山矾属常绿阔叶乔木，其树形优美，树冠圆球形，枝叶茂密，是可观花、观叶的一种优良园林观赏树种。

植物生长调节剂在棱角山矾上的主要应用：

1. 促进种子萌发

棱角山矾种子既存在着种壳导致的强迫休眠，又存在着生理休眠。为此，可采用酸蚀处理增加种皮透气性，再用赤霉酸处理调控解除休眠。具体做法是：将棱角山矾风干种子直接浸入浓硫酸（相对密度1.84）溶液中，经1.5h处理后再置于流水中冲洗18h，然后用500mg/L赤霉酸溶液浸泡24h并晾干，再继续清水浸种24h并晾干。在1～5℃下16h及20℃下8h变温沙藏3个月后，可有效促进萌发和提高发芽率。

2. 促进扦插生根

从生长健壮的棱角山矾母株上剪取当年生半木质化枝梢，剪取粗度为6～8mm、长度10～12cm、保留1～2片叶及2～3个腋芽的嫩枝梢作为插穗，然后将其基部置于100～400mg/L吲哚乙酸或200mg/L萘乙酸溶液中浸泡2h，再用黄心土作扦插基质进行育苗，均可促使插穗提早生根，并提高成活率。

三十九、连香树

连香树又名五君树、山白果、紫荆叶木，为连香树科连香树属高大落叶乔木，被列为国家二级保护植物稀有种。连香树树干通直，树形优美，花白色、小而美观，且有淡香；叶形奇特，秀丽别致，叶色春天是紫红色、夏天为翠绿色、秋天是金黄色、冬天为深红色，是典型的彩叶树种。连香树已成为著名的观赏树种，越来越多地用作城乡、庭院绿化以及园林造景中的园林绿化树种和行道树种。

植物生长调节剂在连香树上的主要应用：

1. 促进种子萌发

连香树种子在0.5～2.0mg/L赤霉酸溶液中浸泡处理2～8h，可明显促进萌发和提高发芽率。

2. 促进扦插生根

从生长健壮的连香树母株上剪取当年生半木质化枝梢，把剪好的插穗基部置于100mg/L吲哚丁酸+100mg/L萘乙酸的混合液中浸泡4h，或者在200mg/L吲哚丁酸溶液中浸泡6h，或者用500mg/L吲哚丁酸溶液快蘸8s，均可促使插穗提早生根，并提高成活率。其中，以采用100mg/L吲哚丁酸+100mg/L萘乙酸的混合液浸泡嫩枝插穗4h，促进插穗生根效果最佳。

四十、龙船花

龙船花又名仙丹花、英丹花，为茜草科龙船花属常绿小灌木，其株型美观，花朵奇特密集，花色丰富，既可盆栽，又可作园林造景种植或作花坛中心植物和绿篱，在南方可露地栽植，适合庭院、宾馆、风景区布置。

植物生长调节剂在龙船花上的主要应用：

1. 促进扦插生根

取未着花的龙船花半成熟顶芽或茎段枝条，剪取长度12cm，每根插穗留2～3片对叶，每片叶剪去1/2。先将插穗在稀释1000倍多菌灵中杀菌，然后将这些插穗的形态学下端置于1000mg/L萘乙酸+1000mg/L吲哚丁酸的混合溶液中快蘸插穗基部15s，可显著促进生根和成活。另外，对一些较难生根的龙船花种类，可将插穗基部浸渍在2500mg/L吲哚丁酸+5000mg/L萘乙酸的混合溶液中5s，可显著促进生根。

2. 开花调节

用35～50mg/L多效唑溶液对盆栽大王龙船花进行根施（每盆施药量为500mL），共处理1次，可促进开花，使花朵数多、花茎大、花期一致。另外，用500～800mg/L多效唑溶液叶面喷施龙船花，每间隔5天喷施1次，连用5次，也可有效进行龙船花促花。再者，作为城市道路绿篱应用的龙船花，在修剪萌发新芽后用150～200mg/L烯效唑控旺处理，10天后叶面喷施33mg/L苄氨基嘌呤+稀释800倍磷酸二氢钾溶液，可促进提前开花，且花期整齐（彩图7-14）。

另外，选取2年生地栽龙船花枝条从其下部3～4叶处修剪，修剪部位为芽眼上方约1cm处。当新芽达0.2cm时，用300mg/L赤霉酸溶液喷施刚抽新芽的枝条，药液量以整个枝条湿润为止，之后每15天喷施1次，连续喷3次，可显著促进龙船花枝条的生长，并延迟花期14～30天，且不影响龙船花的观赏品质。若改用400mg/L苄氨基嘌呤溶液喷施处理，则可使龙船花花期提前14天。

四十一、毛白杨

毛白杨又名大叶杨、大白杨，是杨柳科杨属落叶乔木，是我国特有的乡土绿化树种，其树形高大、挺拔，枝叶茂盛，加之生长迅速，适应性强，而被广泛栽培，常用作庭荫树、行道树和防护林等。

植物生长调节剂在毛白杨上的主要应用：

1. 促进扦插生根

毛白杨因雌雄异株，结籽率低，生产上很难采用种子繁殖方法来培育苗木，而多采用扦插繁殖。通常用1年生苗或大树的根蘖萌条作插穗，并在扦插时速蘸2000mg/L萘乙酸或吲哚丁酸溶液，可提高生根率。另外，选取3年龄母树树干基部萌生条作为插穗，用50mg/L萘乙酸或者50mg/L吲哚乙酸溶液浸泡24h，可提高生根率、生根数量及扦插成活率。

2. 促进花序和幼果脱落，减轻种毛危害

毛白杨成熟果实飘落的种毛，因量大且时间集中，污染环境，危害健康。为减少飞毛量，可在毛白杨盛花期基干点滴赤霉酸或乙烯利溶液促进花序提前脱落，即在距地面100cm高处斜向下45°角打一小孔，深达木质部，用医用输液器缓慢注入1000mg/L的赤霉酸或500mg/L乙烯利溶液（总量1000mL），可促使果实和花序生长不良，提前让花序和幼果脱落，从而减少果实成熟时散发种毛的数量。

四十二、梅花

梅花为蔷薇科李亚科李属植物。梅花有多种类型，品种繁多，观赏价值高。由于梅花神、韵、姿、香、色俱佳，开花早，先花后叶，且栽培管理容易，在我国得以广泛流传与发展，位居中国十大传统名花之首，在中国园林和花文化中有着重要的地位和影响。

植物生长调节剂在梅花上的主要应用：

1. 促进扦插生根

在北方，梅花多数品种都不易扦插，采用吲哚丁酸溶液处理可促进生根和成活。具体做法是：清早或阴天采集梅花插穗用塑料袋保湿，且当天采穗当天尽快扦插。插穗选取顶梢未停长的半木质化嫩枝，粗0.30～0.45cm。用刀片将上下切口削整齐，无毛茬，长10～15cm。去掉下切口附近1～2片叶，保留顶部2～3片叶。插穗基部1～2cm速蘸1500～2500mg/L吲哚丁酸溶液5～8s后扦插。另外，用梅花（品种为“南京红”）组培大苗嫩枝进行扦插时，在5～8月选长10～15cm、粗0.5～0.6cm的插穗，用100mg/L萘乙酸与100mg/L吲哚丁酸的混合液浸泡处理2h后再扦插于沙：砻糠灰：珍珠岩＝1：2：2（体积比）的混合基质中，可促进扦插生根和提高成活率。再者，在3月下旬从梅花母株上采集1年生硬枝，截成15cm长的插穗后及时浸入清水中，然后在100mg/L萘乙酸溶液中浸泡插穗下端3cm 2h，可有效提高梅花的扦插成活率。

2. 促进杂交育种

在2～3月份采集浓香并浓红型的真梅系多品种的混合花粉，阴干后密封在小瓶中，贮存在冰箱冷冻室内，4月上、中旬对初花期和盛花期的母本树进行液体人工授粉。具体做法是：用手持微型喷雾器对母树的花朵全树喷布含50mg/L赤霉酸溶液及0.1%梅花的混合花粉，每天上午1次，连续3～4次。赤霉酸溶液与梅花粉的混合液随配随用，并用4层细纱布过滤。授粉前要疏除已开过的花，授粉后要疏除未开的花蕾。这种方法速度快且省力，并能获得更多的杂交种核。

3. 调控植株生长发育

根据梅树新梢春季生长特点，在生长初期先用3000mg/L矮壮素溶液每隔7～10天喷洒1次，并结合叶面喷肥，促使枝条粗壮；进入生长发育快速发展阶段时，用5000mg/L矮壮素溶液，间隔5～7天喷雾1次，并结合叶面喷肥，以削弱顶端优势，促使侧枝萌发，并为花芽分化做准备；在生长末期，枝条已长到一定长度而营养生长即将停止时，改用150mg/L多效唑溶液处理，促使枝条早日停止营养生长，储备足够的养分进行花芽分化。

4. 开花调节

于10月底至11月用2000mg/L赤霉酸溶液喷雾处理盆栽梅花“江南朱砂”和地栽“粉红朱砂”植株，可使始花期提前20天以上，但开花量略有下降。若改在1月份进行上述处理则可使始花期、末花期延迟，整个观赏期延长，且同时开花量增加。另外，用1000mg/L或2000mg/L赤霉酸溶液喷施处理梅花（品种为“江梅”）植株，间隔5天，共处理3次，喷施的量为每株树1000mL，可使花期提前。若在10月份用500mg/L或1000mg/L多效唑溶液喷施植株，则可推迟其花期。

5. 切花保鲜

将紧蕾期采切的梅花（品种为“三轮玉蝶”）插于含3%蔗糖＋10mg/L苄氨基嘌

呤+200mg/L 8-羟基喹啉的瓶插液中,可促进花朵开放,并延长观赏寿命。另外,将梅花切花插于含5%蔗糖+10mg/L苄氨基嘌呤+100mg/L 8-羟基喹啉+100mg/L水杨酸的瓶插液中,也可延缓切花衰老,提高观赏品质。

四十三、美国红枫

美国红枫又名加拿大红枫、北美红枫等,为槭树科槭树属落叶大乔木,其树姿美观,冠型圆满,枝序整齐,层次分明,错落有致,叶形宽大优美,红色鲜艳持久,加之适应范围广、耐寒性很强,是彩叶树种中最具代表性的树种之一,也是优良的盆栽彩叶植物。

植物生长调节剂在美国红枫上的主要应用:

1. 促进扦插生根

剪取美国红枫长10~15cm并带3~4个芽的枝条,上端切口于芽上方1cm左右斜剪,下端切口于节下0.5cm左右平剪。9月中旬的插穗剪掉全部叶片,2月中旬的插穗无需剪叶。将插穗按粗细分类,粗度基本一致的每20枝扎成一捆,下切口平齐,上盖湿布,放阴凉处待处理。插穗在200mg/L萘乙酸溶液中浸泡14h或在2000mg/L萘乙酸溶液中浸泡30min,然后扦插于蛭石基质,可促进插穗生根和显著提高扦插成活率。

2. 促进苗木生长

用50mg/L赤霉酸+10mg/L苄氨基嘌呤的混合溶液喷施山地成片栽植成活的美国红枫扦插苗,可促进苗木生长,对苗木增高、增粗具有显著的促进效果。

3. 延长色叶期

针对美国红枫色叶期较短的情况,用20mg/L对氯苯氧乙酸或10mg/L萘乙酸溶液叶面喷施美国红枫3年生苗,可比未处理苗延长70%以上色叶期持续时间,效果显著。

四十四、米兰

米兰又称米仔兰、碎米兰、珍珠兰、树兰等,是楝科米仔兰属植物,其树姿秀丽,花形小而繁密,花香似兰,枝叶茂盛,叶绿光亮,花期长又略耐阴,在华南各地常见于庭园栽培观赏,长江流域一带及北方广大地区多见于盆栽,深受人们的喜爱。

植物生长调节剂在米兰上的主要应用:

1. 促进扦插生根

取带有顶芽的一年生米兰枝条作插穗,剪成6~8cm长,除去下部叶片,在800~1000mg/L吲哚丁酸溶液中浸泡5~10s,或者在20~25mg/L吲哚丁酸溶液中浸泡12~24h,可促进生根和提高成活率。另外,米兰水培扦插前将基部插入5mg/L萘乙酸溶液中浸泡24h,也可促进生根。

2. 促进压条繁殖

取萘乙酸和吲哚丁酸各75mg,溶于2mL乙醇中,将该溶液涂在10cm×20cm的滤纸上，待滤纸晾干后，将药纸裁成1cm×2cm的纸条备用。对米兰进行空中压条时，先将药纸包于米兰枝条的环剥处，再在外面包裹苔藓或泥土，外套塑料小袋，经2~3个月在环剥处便长出新根。与未用植物生长调节剂处理的植株相比，育苗时间明显缩短，根数比对照增加3倍，根长比对照增加1~4倍。

四十五、茉莉花

茉莉花又名茉莉，属木樨科茉莉属多年生常绿攀缘灌木，其叶色翠绿、花色洁白、芳香馥郁、清雅宜人，为常见庭园及观赏芳香花卉，并在花境配置、花篱种植以及室内盆栽等方面均有广泛应用。

植物生长调节剂在茉莉花上的主要应用：

1. 促进扦插生根

茉莉花常采用扦插方式繁殖，可在扦插时取健壮茉莉花带有4~6芽的插穗，剪成12cm左右长，摘去基部叶片，用500mg/L吲哚丁酸溶液浸泡插穗基部20s，配以河沙为扦插基质，可有效促进生根和提高成活率。

2. 组织培养

茉莉花的组织培养可取幼嫩枝条作为外植体，丛生芽诱导培养基为MS+4.0mg/L噻苯隆+0.04mg/L萘乙酸+500mg/L水解乳蛋白，生根培养基为1/2MS+4.0mg/L吲哚丁酸，生根培养基以珍珠岩代替琼脂。

3. 控制盆栽植株新梢生长

在盆栽茉莉花修剪枝条萌芽的初期，在新梢基部1cm处喷施200~300mg/L多效唑溶液，可显著抑制新梢的长度、增加新梢的直径，使株型更为紧凑、美观。

四十六、牡丹

牡丹为芍药科芍药属牡丹组亚灌木植物，其花形硕大，多姿多彩，雍容华贵，秀丽端庄，香味浓郁，是我国特有的名贵花卉，素有“国色天香”“百花之王”的美誉，一直受到国人的推崇，长盛不衰。牡丹是园林中重点美化的种类，也可栽植于室内或做切花观赏。

植物生长调节剂在牡丹上的主要应用：

1. 打破休眠种子，促进萌发

9月初将牡丹(品种为“紫斑”)种子于室温下沙藏，2个月后将根长超过3cm的种子置于200mg/L赤霉酸溶液中浸泡2h，然后继续进行室温沙藏，处理14天后可得到牡丹幼苗，从而缩短实生苗的成苗时间。

2. 促进扦插生根

取牡丹2年生粗壮充实的枝条，于秋分前后，剪成10~15cm长的插穗，插前用500~1000mg/L赤霉酸或500mg/L吲哚乙酸溶液速蘸插穗基部，可促进生根。另外，用当年生健壮萌蘖枝，将枝条剪成带2~3个芽的插穗，插前用500mg/L萘乙酸或300mg/L吲哚丁酸溶液速浸基部，也可提高生根率和成活率。再者，在牡丹苗裸根移栽后用50mg/L吲哚丁酸+50mg/L萘乙酸溶液配合氨基酸钙肥浇灌，可促进生根和根系生长（彩图7-15）。

3. 组织培养

牡丹的组织培养可取当年生茎尖作为外植体，从生芽诱导培养基为MS+2.0mg/L苄氨基嘌呤+0.2mg/L萘乙酸+200mg/L水解酪蛋白，继代培养基为MS+1.0mg/L苄氨基嘌呤+0.5mg/L激动素+0.1mg/L萘乙酸+200mg/L水解酪蛋白，生根培养基为1/2MS+0.1mg/L萘乙酸+200mg/L水解酪蛋白。另外，将“凤丹白”牡丹胚萌发形成的无菌苗接种于MS+0.5mg/L苄氨基嘌呤+0.1mg/L萘乙酸+3%蔗糖+0.65%琼脂（pH 5.8）培养基上，胚萌发率可达100%。

4. 促进压条繁殖

在牡丹开花后10天左右枝条半木质化时，选择健壮嫩枝，从基部第2、3芽下0.5~1cm处环剥宽约1.5cm，用浸过50~70mg/L吲哚丁酸溶液的棉花缠绕，然后用薄膜包裹，可促进压条生根和育苗。

5. 开花调节

用500mg/L赤霉酸溶液对牡丹（品种为“胡红”）涂蕾，每隔5天涂蕾1次，共涂蕾3次，催花效果明显。另外，用500mg/L乙烯利喷洒牡丹植株1次，也可促使开花提前。再者，分别在5~7年生成品牡丹（品种为“璎珞宝珠”“胡红”“盛丹炉”“银粉金鳞”“葛巾紫”“十八号”）生长的小风铃期、大风铃期、圆桃期，用100mg/L丁酰肼+400mg/L多效唑的混合液进行叶面喷施处理，可显著延迟牡丹初花期、末花期，使整体花期延迟、延长4~7天。

6. 切花保鲜

将牡丹（品种“百花丛笑”）切花插于2%蔗糖+200mg/L 8-羟基喹啉柠檬酸盐+0.2mg/L苄氨基嘌呤的瓶插液中，可显著延长其瓶插寿命。另外，用10nL/L 1-甲基环丙烯密闭处理牡丹（品种“洛阳红”）切花6h，可显著延缓花朵衰老进程，并延长最佳观赏期的持续时间。再者，对花蕾期的牡丹（品种为“种生白”）植株用60mg/L赤霉酸+5000mg/L氯化钙的混合溶液进行采前喷施处理，可延长牡丹切花采后的瓶插寿命。

四十七、南蛇藤

南蛇藤是卫矛科南蛇藤属落叶藤状灌木，植株姿态优美，茎、蔓、叶、果都具有较高的观赏价值，特别是秋季叶片经霜变红或变黄时，美丽壮观；成熟的累累硕果，竞相开裂，露出鲜红色的假种皮，宛如颗颗宝石。

植物生长调节剂在南蛇藤上的主要应用：

1. 促进种子萌发

用0.1%氯化汞溶液对南蛇藤种子消毒15min，然用清水冲洗3~5次，再置于

150mg/L 萘乙酸溶液中浸泡 24h 处理,可促进种子萌发和显著提高发芽率。

2. 促进扦插生根

选 1 年生南蛇藤枝条,剪取中上部枝蔓作插穗,每条 10 ~ 12cm 长,在 1000mg/L 吲哚丁酸溶液中浸泡基部 5s,可提高生根率。另外,用 200 ~ 400mg/L 吲哚丁酸溶液浸泡短梗南蛇藤插穗 2h 后进行扦插,也可促进扦插生根。再者,用 20mg/L 蔗糖 + 50mg/L 萘乙酸的混合溶液浸泡大芽南蛇藤 2 年生带嫩梢的硬枝插穗(长度一般不短于 15cm)3h,可有效提高插穗成活率。

四十八、山茶花

山茶花又名茶花、山茶、曼陀罗树等,为山茶科山茶属常绿灌木和小乔木植物。山茶花的品种繁多,且树形优美,花大色艳,花姿丰盈,端庄高雅,叶色浓绿,为我国传统十大名花之一,也是世界名花之一。

植物生长调节剂在山茶花上的主要应用:

1. 促进种子萌发

山茶花种子在收获后播种,不易萌发。用 100mg/L 赤霉酸溶液浸种 24h,则可有效促进种子萌发和幼苗生长。

2. 促进扦插生根

大多数名贵的山茶花品种多采用扦插繁殖。例如,在 11 月份将杜鹃红山茶半木质化的枝条修剪成 10 ~ 15cm 长的枝条,每枝条保留 1 ~ 2 个芽点,同时留 1 ~ 2 片叶,将枝条底端切成约 45°的斜面,上端剪成平面,并速蘸溶化的蜡液封顶;将枝条底端对齐,置于 500mg/L 萘乙酸溶液中浸泡约 2h 后用清水冲洗,然后扦插在红壤土体积:河沙体积 = 1:1 的混合基质中,可显著促进插穗生根和提高成活率。另外,东南山茶扦插前用 500mg/L 萘乙酸溶液处理 20min 浸渍插穗也可促进生根。

3. 促进压条繁殖

选择山茶花壮实枝条,在其基部进行环割,在不脱离母株的情况下,用 5000mg/L 哚吲丁酸羊毛脂膏或者 1000mg/L 吲哚乙酸溶液涂于环割部位,外加苔藓以保持湿度,再用塑料薄膜包裹,可以促进压条生根。

4. 提高嫁接成活率

取山茶花树冠外围中、上部生长粗壮、腋芽明显、无病虫害的当年生木质化的春梢或半木质化的夏梢作接穗,粗细一般为 0.25 ~ 0.32cm,将采下的接穗剪去多余的叶片,用湿布包裹备用。嫁接前用 150mg/L 萘乙酸或 100mg/L 吲哚丁酸溶液处理接穗 48h,可提高嫁接成活率。

5. 提高移栽成活率

山茶花移植较为困难,特别是树龄 10 年以上、冠幅 1.5m 以上的壮龄树。挖掘山茶花植株时,将土球挖制成圆苹果状,保留主根不切断。挖掘完毕后,用 10mg/L 吲哚乙酸或吲哚丁酸溶液涂刷侧根断口处以刺激须根生长,也可均匀撒布极少量上述生长调节剂的粉末,在球体外可见一层白色即可。经此处理,可提高其移栽成活率和成活后尽快恢复树势。

6. 促进开花

山茶花从花芽分化到分化完成一般需要半年以上的时间。用500～1000mg/L赤霉酸溶液点涂花蕾,每周2次,半个月后花芽就快速生长而提前开花。另外,剥离山茶花(品种为“满白”和“唐凯拉”)花蕾外部鳞片后用800mg/L赤霉酸溶液涂抹处理(每周1次,连续5次),也可促进二者花期均提前和延长达1个月以上。

7. 切花保鲜

山茶花切花采后花瓣容易褐变凋落,瓶插寿命短。将山茶花切花瓶插于2%蔗糖+50mg/L水杨酸+0.2mmol/L硫代硫酸银+30mg/L苄氨基嘌呤+75mg/L硫酸铝的保鲜液中,可明显延缓切花衰老和延长观赏寿命。

四十九、苏铁

苏铁别名铁树、凤尾蕉,为苏铁科苏铁属常绿植物,其树干挺拔壮丽,树冠呈巨伞状,花序奇特,叶片光洁翠绿、羽状簇生,四季常青,呈现一种自然美、姿态美、色彩美和风韵美,是著名的园林绿化和盆栽植物。另外,苏铁是地球上现存最古老、最原始的种子植物,素有“植物活化石”“植物界的大熊猫”之称,是一种珍贵的树种。

植物生长调节剂在苏铁上的主要应用:

1. 促进扦插生根

适当刻伤苏铁吸芽,洗净伤口黏液,阴干后用0.1%高锰酸钾溶液对伤口消毒20min,用清水漂洗干净。待风干表面水分后,用200mg/L吲哚丁酸溶液处理1min,随即植于种植箱内,基质可用炭灰、硅石、沙按2∶1∶1的比例配制,可促进扦插生根和提高成活率。

2. 促进水培生根

将去根后的苏铁球基部浸入0.5%的高锰酸钾溶液中消毒10s,待苏铁球略干、剪口收敛后将苏铁球基部浸入添加0.2mg/L萘乙酸的改良霍格兰营养液中水培生长(以珍珠岩为基质),可有效促进不定根形成,显著增加生根数。

3. 调控植株生长,提高观赏性

在苏铁新叶弯曲时,用0.1%～0.3%矮壮素溶液每周喷洒1次,连喷3次,可使新叶弯曲、长短适中,叶色更为浓绿,观赏价值提高。另外,盆景苏铁植株的叶片以短而小为宜,在叶片未达到快速生长期之前,用2500mg/L矮壮素溶液涂抹叶柄可显著抑制叶片生长。

五十、天竺桂

天竺桂又名大叶天竺桂、竺香、山肉桂、土肉桂等,为樟科樟属常绿乔木,由于其长势强,树冠扩展快,并能露地过冬,加上树姿优美、抗污染、观赏价值高、病虫害很少的特点，常被用作行道树或庭园树种栽培。

植物生长调节剂在天竺桂上的主要应用：

1. 促进植株生根

选择整体长势良好的天竺桂作为栽植苗，在修根后栽植并用25mg/L吲哚丁酸+25mg/L萘乙酸浇灌，10天左右再浇1次，可有效促进生根和根系生长（彩图7-16）。

2. 增强植株抗冻抗旱性

盆栽天竺桂用5mg/L诱抗素稀释200倍溶液全株喷雾，可有效提高天竺桂的抗冻抗旱性。

五十一、小叶女贞

小叶女贞是木樨科女贞属的小灌木，叶薄革质，花白色、香、无梗，花冠筒和花冠裂片等长，花药超出花冠裂片。核果宽椭圆形、黑色。生境是沟边、路旁、河边灌丛中、山坡。小叶女贞枝叶紧密、圆整，庭院中常栽植观赏，为园林绿化的重要绿篱材料。

植物生长调节剂在小叶女贞上的主要应用：

在小叶女贞修剪24h后，用600mg/L胺鲜酯+600mg/L乙烯利+167mg/L烯效唑混合液叶面喷施，可使新梢节间缩短、叶片变厚、颜色加深，增加观赏性，并减少修剪次数（彩图7-17）。

五十二、香樟

香樟又名樟树、乌樟，为樟科樟属常绿乔木，其树冠庞大，枝叶茂盛，冠大荫浓，树姿雄伟，是长江以南城市绿化的优良树种，广泛用于庭荫树、行道树、防护林及风景林，可植于溪边、池畔，可孤植、丛植、片植、群植作背景树。

植物生长调节剂在香樟上的主要应用：

1. 促进种子萌发

香樟种子湿沙包埋后4℃冰箱贮藏后再用80mg/L赤霉酸溶液浸泡处理12h，可打破种子休眠，缩短发芽天数，促进种子提早发芽，提高发芽率，使发芽较整齐一致。

2. 促进移植成活

由于香樟是直根性树种，移植时侧根的萌发能力不强，根团不发达，在长江以北地区的园林绿化实践上香樟的移植成活率一直不高。在移植香樟苗（干径4cm、干高3m截干苗，土球40cm）时，用50～100mg/L吲哚丁酸溶液配制好的黄泥浆蘸根处理，当日起苗、发货，次日栽植，移植成活率达90%以上。

3. 催落花果

香樟开花结果，既消耗营养，落果还弄脏车辆和路面，在香樟盛花期用200～250mg/L萘乙酸水剂喷施，可避免香樟结果（彩图7-18）。

五十三、绣球花

绣球花又名八仙花、草绣球、紫阳花、粉团花等，为虎耳草科八仙花属落叶观赏灌木，其植株矮壮紧凑，花朵大、近似球形，着生于枝头，花色丰富靓丽，花期长。绣球花是我国的传统花卉栽培品种，既可地栽观赏，也特别适合盆栽和切花观赏。

植物生长调节剂在绣球花上的主要应用：

1. 促进扦插生根

绣球花扦插培育时，在母株新梢开始露花至2~4cm时，及时剪下扦插。穗长10~12cm，去掉基部1~2对叶片，留上部3~4对叶片，利刃削平下端切口，基部速蘸500mg/L吲哚丁酸溶液，晾干后插入基质中，采用全日光间歇喷雾方法育苗，可促进扦插生根和有效提高成活率。另外，从绣球花母株上剪取半木质化枝条，再截成5~8cm长的插穗，每段插穗带有1个节位，并保留半片叶，插穗下端剪成斜口，扦插前用150mg/L萘乙酸溶液浸泡处理30min，也可促进扦插生根。再者，选取当年萌发长势一致的嫩枝作为插穗，每条插穗留顶芽，顶部2片叶各剪去1/2，去掉基部叶片，插穗长5cm左右，扦插前将插穗基部在500mg/L或1000mg/L萘乙酸溶液中快浸2s后，可有效提高扦插成活率、缩短生根周期。

2. 组织培养

以绣球花带腋芽茎段作外植体，较适宜的增殖培养基为MS+1.0mg/L苄氨基嘌呤+0.2mg/L萘乙酸和MS+1.0mg/L苄氨基嘌呤+0.1mg/L吲哚乙酸；生根培养基为1/2MS+0.2mg/L吲哚丁酸或1/2MS+0.1mg/L吲哚丁酸。

3. 矮化盆栽植株和提高观赏性

由于绣球花植株较高，盆栽时须矮化，以提高其观赏价值。为此，对上盆1周后的绣球花植株用1000~2000mg/L丁酰肼溶液进行叶面喷施，药液量以整株完全湿润为止，每15天喷施一次，连喷4次，可显著降低株高，改善其观赏品质。

4. 开花调节

绣球花一般在秋季停止营养生长，开始花芽分化。如果在夏天用0.1~10mg/L赤霉酸溶液喷施茎叶，会造成植株迅速生长，花芽分化却大大延迟。绣球花须通过一定时间的低温处理，促使花芽进一步分化完全，才能使其在促成栽培时开出正常的花序。若低温积累不够则促成栽培期生长缓慢且花序形态异常或小花畸形。为此，在绣球花促成期，叶面喷施5mg/L赤霉酸溶液，可使促成栽培绣球花花期提前7~9天，并有效促进其株高、冠幅、花序直径、当年新生枝长增长。再者，用100mg/L多效唑溶液喷施植株，可有效地刺激花蕾的形成，促进开花。

5. 切花保鲜

将绣球花（品种为“经典红”）切花瓶插于2%蔗糖+200mg/L 8-羟基喹啉+200mg/L柠檬酸的瓶插液中，可明显增大花径，减缓花枝失水，显著延长瓶插寿命。

五十四、悬铃木

悬铃木为悬铃木科悬铃木属落叶乔木，速生、阔叶，有一球悬铃木（美国梧桐）、二球悬铃木（英国梧桐）、三球悬铃木（法国梧桐）之分，是常见的行道树和庭园绿化树。

植物生长调节剂在悬铃木上的主要应用：

1. 促进扦插生根

在6～8月份取一球悬铃木（即美国梧桐）0.6～0.7cm粗度的插穗，用50mg/L萘乙酸+50mg/L吲哚丁酸的混合液浸泡处理1h后，扦插于混合基质（等体积的沙+砻糠灰+珍珠岩）中，可促进生根和提高成活率。

2. 抑制球果生长，减轻种毛危害

在悬铃木春季开花早期，用400～1000mg/L乙烯利溶液喷洒植株，可抑制其球果生长，使之萎缩，从而有效减少果实成熟时散发种毛的数量，减轻环境污染。

五十五、叶子花

叶子花又称三角花、三角梅、宝巾、勒杜鹃等，为紫茉莉科叶子花属攀缘性灌木，其树姿优美，枝条柔荑，开花时苞片艳丽夺目，是十分理想的盆栽花卉和园林绿化材料。

植物生长调节剂在叶子花上的主要应用：

1. 促进扦插生根

扦插时，取两年生木质化枝条10～15cm的切段作为插穗，用50mg/L萘乙酸或80mg/L吲哚丁酸溶液浸泡基部12h，可促进生根。另外，叶子花（品种为“红粉佳人”）插穗在250～1000mg/L萘乙酸+250～1000mg/L吲哚丁酸混合溶液中速浸10～20s，可提高生根率和成活率。具体所使用的浓度，主要依据插穗木质化程度而定：一般木质化插穗，宜选用1000mg/L萘乙酸+1000mg/L吲哚丁酸浸基部10～20min；半木质化或嫩枝扦插，宜选用250～500mg/L萘乙酸+250～500mg/L吲哚丁酸溶液快浸插穗（彩图7-19）。另外，以4年生叶子花健壮母树上1年生枝条10cm切段作为插穗，将其基部的1/3浸泡在50mg/L吲哚乙酸溶液中24h，可有效促进扦插生根和提高成活率。

2. 调控植株生长和提高观赏性

用500mg/L多效唑溶液喷施叶子花植株，可明显减少新梢生长，缩短节间长度，使树冠更加紧凑，叶片浓绿、变厚，并使花苞片增多，提高观赏效果。另外，在夏、秋季用2000mg/L丁酰肼溶液叶面喷施，每周1次，连续2～3次，也可促使株型矮壮。另外，在叶子花（品种为“绿叶樱花”）旺长期进行修剪的当天用50mg/L烯效唑或200～400mg/L多效唑+200～400mg/L甲哌鎓混合溶液喷施植株，可延缓生长，有效促进花芽分化，并使花苞片增多和提前开花（彩图7-20和彩图7-21）。

3. 盆花保鲜

叶子花盆花出货的前7天和前2天,用20mg/L二氯苯氧乙酸或50mg/L萘乙酸溶液进行喷施处理,可有效减轻模拟贮运期间叶片和苞片的脱落和品质下降(彩图7-22)。另外,用50mg/L萘乙酸溶液在叶子花蕾期喷施离层部位,可延长盆栽叶子花的花期达20天。

4. 提高抗逆性

由于国内叶子花属植物主要是从南美引进,可供选择的砧木仅为较耐寒的紫花叶子花,砧木和接穗的生长习性和性状相差较大,因此叶子花不是很耐寒,在非适宜栽植区仅能在室内或者温室内栽培。为此,以紫花叶子花和红花叶子花通过嫁接,并叶面喷施30mg/L诱抗素的处理措施可提高枝条抗寒能力。

五十六、一品红

一品红又名圣诞花、猩猩木、象牙红等,为大戟科大戟属常绿直立灌木,其主要观赏部位是苞片,颜色鲜艳,观赏期长,又正值圣诞、元旦开花,最适宜盆栽观赏,南方温暖地区也可植于庭园点缀景色。

植物生长调节剂在一品红上的主要应用:

1. 促进插穗生根

一品红常规嫩枝扦插繁殖,生根时间较长。用900mg/L萘乙酸溶液处理插穗5s,扦插于以泥炭和珍珠岩配比为1∶2的基质中,可有效促进插穗生根和提高成活率(彩图7-23)。

2. 组织培养

传统的一品红繁殖靠从母株上采条扦插,但插穗数量有限,不利于批量繁殖和规模生产。利用组织培养可在短时间内大量繁殖生产。可取一年生带侧芽茎段为外植体,侧芽诱导培养基为MS+1.5mg/L苄氨基嘌呤+0.8mg/L萘乙酸,增殖培养基为1/2MS或MS+1.0mg/L苄氨基嘌呤+0.1mg/L萘乙酸,生根培养基为1/2MS或MS+0.5mg/L萘乙酸。另外,也可以叶片为外植体,愈伤组织诱导及幼芽分化培养基为MS+0.4mg/L吲哚乙酸+4.0mg/L苄氨基嘌呤,生根培养基为MS+0.5mg/L吲哚丁酸。

3. 促发侧枝,增大冠幅

针对一品红萌枝能力较差的品种,在小苗期摘心后用2%苄氨基嘌呤稀释600~800倍溶液叶面喷施,连用1~2次,间隔7~10天,可有效促进侧芽发生、丰满冠幅,提高盆花观赏性。

4. 矮化植株和提高观赏性

一品红生长快,节间长,不加调控易破坏株型,影响观赏效果。叶面喷施500mg/L多效唑溶液或盆土浇施10~20mg/L多效唑溶液,可使一品红植株显著矮化,有效提高其观赏价值。另外,用500mg/L矮壮素溶液喷洒一品红植株,可使分枝增多,效果和摘心一样。再者,在植株花芽分化前,当嫩枝长2.5~5cm时,用2000~3000mg/L丁酰肼溶液进行叶面喷施,或用1000~2000mg/L矮壮素与丁酰肼的混合液喷施,均可有效地控制株高,提高盆栽一品红观赏效果。

5. 开花调节

一品红短日照条件下花芽开始分化,此时用40mg/L赤霉酸溶液对植株进行叶面喷施,每7天喷1次,连续喷2个月,可使一品红开花大为延迟。用50~500mg/L矮壮素溶液对株型整齐、平均株高为25cm的一品红进行土壤浇灌,每7天进行1次,可促进一品红侧枝萌发,提早开花。随着矮壮素浓度升高,株高明显变短,侧枝数增加,节间变短,枝条变粗,开花率提高。

6. 延长观赏期

在10月中旬用40mg/L赤霉酸溶液或40mg/L赤霉酸+50mg/L苄氨基嘌呤的混合溶液叶面喷施一品红植株,可延缓和防止在温室或家庭种养条件下生长的叶片、苞片和花序的脱落。另外,用10mg/L赤霉酸+1~2mg/L二氯苯氧乙酸溶液喷洒一品红花苞部,也可抑制或减缓一品红的红叶和苞片脱落,延长观赏期1~2个月。

五十七、银杏

银杏又名白果树、公孙树,为银杏科银杏属植物,其树形优美,主干通直挺拔,高耸入云,冠似华盖,叶形清雅,春夏翠绿,深秋金黄,树龄长久,为一种出类拔萃的园林绿化树种,在城市中作为古树名木、行道树绿化。银杏是现存种子植物中最古老的孑遗植物,被称为植物界的"活化石",并与雪松、南洋杉、金钱松一起,被称为世界四大园林树种。

植物生长调节剂在银杏上的主要应用:

1. 促进扦插生根

取5年生银杏树冠下部的当年生半木质化嫩枝作插穗,穗长10cm、粗0.5cm,带2~3个芽,上切口在芽上方约1cm,下切口在芽下方约1cm,切口平滑,每插穗保留上部2~3片叶,其余叶片剪除。将插穗于800mg/L萘乙酸溶液中速蘸2s,可促进扦插生根。另外,以银杏半木质化嫩枝为插穗,用200mg/L吲哚丁酸溶液浸泡1h,也可促进生根和提高成活率。

2. 促进嫁接繁殖

银杏嫁接成活率往往不高。将接穗浸入25mg/L萘乙酸溶液中8h,取出后采用贴皮芽接法嫁接(砧木为3年生一般银杏实生苗),可显著提高嫁接成活率。

3. 提高移栽成活率

银杏的移栽成活率不高,特别是胸径10cm以上的大银杏树。一般移栽前2~3年,在树干四周一定范围内开沟断根,每年只断圆周长的1/3~1/2。断根范围一般以树干直径的5倍画圆圈,在圆周处开挖一个宽30~40cm的沟,挖断细根,仅保留1cm以上的粗根,并于土球表面,对粗根做宽约10cm的环状剥皮,并涂上1%萘乙酸溶液，以促发新根，然后填入表土，及时灌水。栽植当天及3天后可继续浇水，并在水中加入200mg/L萘乙酸溶液，有利于提高其移栽成活率。

4. 减少开花结果

银杏作为行道树结果较多，但结果太多会影响植株本身的生长。在4月，喷洒1%～1.5%乙烯利溶液对银杏结果有一定的抑制作用，喷洒药物后，果实变小、变轻、果柄发黑，枝条的生长量仍在增加，不影响树木的生长。不过，喷洒乙烯利溶液的浓度过高时（如2%）会出现药害。

五十八、樱花

樱花类植物隶属蔷薇科樱属，其品种繁多，全世界观赏樱花类共200余种，我国樱花资源丰富，约有50种，主要分布在西部和西南地区。樱花有花色丰富、花形美丽、花期整齐、花朵繁密、树姿洒脱等优点，盛开时如玉树琼花，堆云叠雪，甚是壮观，是一种优良的园林观赏植物，作为行道树、庭院树等广泛应用于城市绿化。

植物生长调节剂在樱花上的主要应用：

1. 促进扦插生根

选取健壮嫩枝，剪成约1～15cm长，插穗基部纵切向上切一深1～1.5cm的刀口，在扦插前用500mg/L萘乙酸溶液浸泡5s，可促进插穗生根和提高扦插成活率。另外，在樱花硬枝扦插前用200mg/L吲哚丁酸溶液浸泡插穗基部4h，可显著提高成活率。

2. 促进压条繁殖

选取樱花树上合适枝条进行环剥，先用200mg/L萘乙酸溶液对环剥枝涂抹，用稀黄泥包裹，然后用薄膜包好，再用纤维绳将两端扎实。经过30天后，即能从所包薄膜外面看到有少量根露出，再将泥面的泥土清洗干净。该做法可显著促进樱花生根和根系生长，生长数量明显增加。

3. 提高移栽成活率

为提高樱花在园林应用时的移栽成活率，在定植前修剪根系形成新鲜根系切口后，用稀释100～200倍的5%吲哚丁酸+5%萘乙酸混合液喷施根系，有利于促进发根、增加发根量。另外，在运输及栽植后，用0.1%诱抗素溶液稀释400倍液喷施叶面，可减少水分散失。

4. 延长观赏期

樱花作为花海、主题公园等常用的植物品种，花朵开放是其主要观赏特色，有效延长花朵观赏期极为重要。为此，在花苞期用40mg/L苄氨基嘌呤+2.54mg/L吲哚丁酸+2.54mg/L萘乙酸的混合液，可有效延长樱花的观赏时长3～5天（彩图7-24）。

五十九、月季

月季是蔷薇科蔷薇属落叶或半常绿灌木，其品种极多，花姿绰约，花色丰富多彩,部分品种芳香宜人,花期较长,是园林布置的好材料,可作花坛、花境及基础栽植用,也可作盆栽及切花用,为我国十大名花和世界四大切花之一,并被称为“花中皇后”。

植物生长调节剂在月季上的主要应用:

1. 促进扦插生根

单芽扦插是月季繁殖中一种比较节省扦插材料的方法,尤其适用于插穗材料较少的新品种繁殖。在6~9月选用健壮月季的半木质化新枝,以开花枝花谢数天且腋芽已萌发时取芽为佳。在每节腋芽上端3~5mm处斜切,保留1个芽和2片小叶。插穗用500mg/L萘乙酸溶液速蘸处理后扦插,成活率高。另外,取月季(品种为“卡罗拉”)半木质化枝条,剪成长5~10cm、保留两个芽及半片小叶的插穗,扦插前用250mg/L萘乙酸和250mg/L吲哚丁酸的混合溶液速蘸2~3s,可明显提高扦插成活率。再者,切花月季(品种为“紫色年华”)扦插时将插穗在500mg/L萘乙酸或稀释150倍5%吲哚丁酸+5%萘乙酸混合液中速蘸处理,也可促进生根和提高成活率(彩图7-25)。

2. 组织培养

以月季嫩茎为外植体,用MS+2.0mg/L激动素+0.5mg/L萘乙酸为诱导芽分化培养基,并用MS+3.0mg/L激动素继续培养,可形成大量芽丛。选择分化健壮的芽丛,进行分割,转入1/2MS+3%蔗糖+0.7%琼脂+2.0mg/L激动素+0.5mg/L吲哚丁酸的生根培养基中进行培养,生根率可达100%。另外,用月季(品种为“红衣主教”)带腋芽茎段作为外植体,先在MS+2.0~3.0mg/L苄氨基嘌呤+0.1mg/L萘乙酸培养基上进行起始培养,后入MS+2.0~3.0mg/L苄氨基嘌呤+0.1mg/L萘乙酸+1.0mg/L赤霉酸培养基上进行继代增殖,再入1/2MS+0.5~1.0mg/L萘乙酸或0.5~0.75mg/L吲哚丁酸培养基上培养,根系生长良好。再者,还可以叶片为外植体,不定芽诱导培养基为MS+6.0mg/L苄氨基嘌呤+6.0mg/L玉米素+0.4mg/L吲哚丁酸,芽伸长培养基为MS+2.0mg/L苄氨基嘌呤+0.1mg/L吲哚丁酸,生根培养基为1/2MS+0.2mg/L萘乙酸+0.1%活性炭。

3. 促进水培生根

对藤本月季“大游行”进行水插培养,将剪取的当年生半木质化枝条在流水中冲洗干净,修剪成10~15cm的插段,每个插段保留半数叶片,将基部浸泡在100mg/L吲哚丁酸+300mg/L萘乙酸溶液中,浸泡2h的生根效果最好。

4. 促进嫁接繁殖

在月季单株嫁接多色花时,选择3~4种不同颜色月季品种的1年生枝条(直径1cm左右),制作接穗。选用红色系蔷薇枝条繁殖砧木植株,并在嫁接前将接穗枝条基部浸入500mg/L吲哚乙酸溶液中15min,可通过植物生长调节剂对接穗预处理提高嫁接成活率。

5. 矮化盆栽植株和提高观赏性

用500mg/L多效唑或20mg/L烯效唑溶液叶面喷施盆栽月季(品种为“Baby 1”

“Orange 2”和“Baby 2”),可明显矮化植株,且使其生长健壮、叶色加深、观赏性提高。盆栽月季(品种为“玫红”),用12.5mg/L 烯效唑溶液喷施处理可明显控制植株高度、增加叶色,且有助于控制主花头生长、促进侧花头生长,进而形成“多头”,提高观赏性(彩图7-26)。

6. 促进侧芽萌发

盆栽月季增加发芽量,可使得冠幅匀称,观赏性增加。增加切花月季发芽量,则可明显提高其产量。为此,在修剪后第2天用25～30mg/L 苄氨基嘌呤溶液喷施全株,可促进侧芽萌发,且萌芽整齐(彩图7-27)。在坐桩后用40～50mg/L 苄氨基嘌呤溶液喷雾桩口,可以增加其发芽量。

7. 开花调节

用50mg/L 赤霉酸溶液喷施月季幼枝可解除休眠,增加开花枝条的数量,促生花枝。另外,当月季新生枝条上的花蕾如大豆大小时,可用1500mg/L 丁酰肼溶液叶面喷施,喷1次可推迟花期2～3天。

8. 延长盆花观赏期

用500mg/L 矮壮素溶液浇灌盆栽月季根部,可减少花的败育。另外,用10mg/L 苄氨基嘌呤或吲哚乙酸溶液喷洒植株处理则可防止月季落花。再者,在月季发育早期(小绿芽期),用75mg/L 多效唑溶液喷施,可延长观花期。

9. 提高耐贮运能力

在盆栽月季出货前3天用20mg/L 苄氨基嘌呤或者20mg/L 萘乙酸溶液喷雾全株,然后密封装箱,可有效缓解高温天气运输引起的落花落叶和品质劣变,提高耐贮运能力。

10. 切花保鲜

将月季(品种为“卡罗拉”)切花插于含2%蔗糖+100mg/L 苯甲酸钠+100mg/L 硝酸钙+60mg/L 激动素的保鲜液中,可延缓衰老,显著延长其瓶插寿命。另外,将月季切花瓶插于含2%蔗糖+200mg/L 8-羟基喹啉柠檬酸盐+5mg/L 赤霉酸+5mg/L 6-苄氨基嘌呤、4%蔗糖+200mg/L 8-羟基喹啉柠檬酸盐+10～50mg/L 苄氨基嘌呤等的瓶插液中有良好的保鲜效果,可显著延长切花的瓶插寿命和改善切花观赏品质。再者,用50nL/L 1-甲基环丙烯气熏法预处理6～8h 也可有效延缓月季(品种为“玛利亚”)切花的衰老,使切花花枝硬挺、蓝变时间延迟、观赏期显著延长(彩图7-28)。

六十、栀子花

栀子花是茜草科栀子属常绿灌木,其花朵大而洁白,芳香馥郁,玉洁动人,是我国十大香花之一,是一种常见的绿化、美化、香化树种,可用作林缘和庭院配置点缀,以及草地边缘、人行道旁、厂矿四周的绿化设施,还可盆栽或作为切花观赏。

植物生长调节剂在栀子花上的主要应用:

1. 促进扦插生根

从10年生栀子花母株上剪取生长健壮的嫩枝作穗材，将穗材按20cm长并带2~3个节截成插穗，剪掉基部全部叶片，保留穗梢1片叶。然后将插穗每20根绑扎成1把，放入代森锰锌稀释500倍溶液中消毒5min。扦插前置于100mg/L吲哚丁酸或吲哚乙酸溶液中浸泡3h，可有效促进生根和根系生长。另外，用500~1000mg/L吲哚丁酸溶液浸泡插穗基部5~10min，也可加速生根。再者，取长8~10cm的栀子花嫩枝，带叶片4~6枚，去掉基部叶片作为插穗，将基部在500mg/L吲哚乙酸+500mg/L萘乙酸+2%蔗糖的溶液中浸泡15s，用珍珠岩+蛭石+泥炭(1∶1∶1)作为扦插基质，可促进扦插苗提前生根，缩短繁育周期。

2. 切花保鲜

将栀子花切花瓶插于含10~50mg/L苄氨基嘌呤的保鲜液中，可延缓切花衰老和延长瓶插寿命。

3. 促进开花和增香

栀子花常作为香花植物在园林中应用，在花苞期用2mg/L苄氨基嘌呤+适宜的磷酸二氢钾溶液喷施处理，可促进花朵开放，并使花香浓郁。

六十一、紫薇

紫薇又名满堂红、痒痒树等，为千屈菜科紫薇属落叶乔木，其树干光滑扭曲，花色艳丽，色彩丰富，既可观花又能赏干，花期又长，具有较高的园林观赏价值和应用价值，在我国园林绿化中已被广泛应用，是观赏价值很高的环境绿化、美化树种。

植物生长调节剂在紫薇上的主要应用：

1. 促进种子萌发

用500mg/L赤霉酸、5mg/L苄氨基嘌呤或15mg/L萘乙酸溶液浸种12h，均可提高紫薇种子的发芽率和发芽势，其中尤以5mg/L苄氨基嘌呤溶液处理效果最明显。另外，用200mg/L赤霉酸或0.02mg/L噻苯隆溶液浸泡毛萼紫薇种子2h，可提高发芽力和促进幼苗生长。

2. 促进扦插生根

取紫薇1年生半木质化枝条，长度约15~20cm，用500mg/L吲哚乙酸或萘乙酸溶液速蘸5s后在河沙基质上扦插繁育，可有效地促进扦插生根。另外，用300mg/L吲哚丁酸溶液处理插穗基部1h，也可促进紫薇生根。再者，用紫薇老枝干扦插培植是获得盆景材料的一个捷径，可在3月中、下旬紫薇未萌芽之前，截取形状优美的树干，粗1~3cm，长15~25cm，修去枯枝及影响美观的枝条，保留一部分细枝，使其带5~6个芽，扦插前将插穗浸于500mg/L吲哚丁酸溶液中约15min，可加快生根和成活。

3. 矮化盆栽（盆景）植株和提高观赏性

盆栽紫薇当年生枝抽发长至5cm时，用1000mg/L丁酰肼溶液喷施叶面可矮化植株，提高观赏价值。另外，对紫薇树桩盆景，用多效唑处理可起到培养“小老树”的效果。通常在3月中旬新梢萌发5cm左右时，用稀释2000倍多效唑溶液灌洒处理，到4月中旬再进行1次同样的处理(两次用量约0.5～1g)，即能起到明显的抑制生长、促进开花的作用，并表现出枝短而粗壮、叶片厚、开花早、花朵多、花期长等优良的观赏性状。

4. 减少苗木开花结果和促进苗木生长

紫薇苗木生产时，若开花过盛、结果过多，会消耗大量体内养分，生长缓慢。为加快生长速度，可使用一些植物生长调节剂让紫薇不开花或开花后不结果。例如，在紫薇盛花期用250mg/L萘乙酸喷花穗，可避免紫薇结果(彩图7-29)。

5. 提高移栽成活率

紫薇在园林应用时往往是带土球移栽或裸根移栽。为提高紫薇移栽成活率，在定植前修剪根系形成新鲜根系切口后，用稀释100～200倍的5%吲哚丁酸+5%萘乙酸混合液喷施根系，可促发新根。另外，还可在运输过程中及栽植后，用稀释400倍液0.1%诱抗素溶液喷施叶面，减少水分散失。

六十二、紫玉兰

紫玉兰又名木笔、辛夷，为木兰科玉兰属落叶大灌木，其树形姿态婀娜，叶茂荫浓，花大而艳，孤植、丛植或作为行道树都很美观，是庭院绿化、美化、香化的优良树种。

植物生长调节剂在紫玉兰上的主要应用：

1. 促进扦插生根

选2年生紫玉兰木质化的枝条，剪成8～10cm长插穗，在25mg/L吲哚丁酸溶液中浸泡基部5～10min处理，有利于扦插生根和提高成活率。

2. 促进压条繁殖

4月中旬取紫玉兰健壮根蘖枝，用利刀环剥0.5～1cm宽深达木质部，涂抹50mg/L萘乙酸溶液，用高锰酸钾溶液清洗环剥部位，再用腐叶土、田园土、砻糠灰的混合土推埋至需要发根处以上8～10cm，可缩短育苗周期，成活率高。

六十三、朱槿

朱槿又名扶桑、大红花，为锦葵科木槿属常绿灌木，其生长茂盛，开花数量多，花形较大，直径可达10～17cm，花色鲜艳，花期较长，叶色浓绿，在南方主要用于园林布景，在北方主要作观赏盆栽，是一种优良的观赏植物。

植物生长调节剂在朱槿上的主要应用：

1. 促进扦插生根

由于较难获得朱槿种子，而且实生苗变异大，苗生长慢，因此其繁殖主要以扦插为主。选择生长健壮、无病虫害的朱槿植株，取2年生的侧枝中部，截成15cm长的插穗，去掉 1/2 叶片，扦插前用 500mg/L 吲哚丁酸溶液浸蘸 5s，可促进生根和提高出苗率。另外，在室内塑料小拱棚嫩枝扦插时，取朱槿半木质化新梢，剪成长 10～15cm、留 3 片叶的插穗，将插穗基部 3cm 部分在 400～500mg/L 吲哚丁酸溶液中浸泡 2s，晾 1～5min 后扦插，也可促进生根。再者，将 1 年生朱槿枝条修剪成 6cm 左右长、含 2 个节的插穗，插穗上端保留 2 枚完整叶片，用 350～450mg/L 萘乙酸溶液浸泡插穗 10～15s，将插穗扦插于以红壤：河沙：营养泥炭（3：2：1）组合而成的混合扦插基质中，有利于朱槿的扦插生根。

2. 矮化盆栽植株和提高观赏性

为使盆栽朱槿枝条粗短紧凑、多开花或缩小冠幅，可在出室前用 500～1000mg/L 多效唑溶液施入盆中。根据矮化的效果，还可在 6 月补喷 1000mg/L 多效唑溶液。也可在盆栽朱槿摘顶后，用 200mg/L 多效唑溶液喷施，可抑制新梢的伸长生长而使植株矮化、株型紧凑。另外，用 2000～5000mg/L 多效唑溶液喷施经过修剪的朱槿，可降低株高。再者，在生产上对成株期朱槿两次施用浓度为 400～500mg/L 的矮壮素溶液，可明显抑制其生长发育，不仅提高其观赏性，还可大大减轻常规人工修剪的劳动强度，从而达到降低养护成本的目的。对苗期朱槿使用的矮壮素浓度应相对降低，以 300～400mg/L 为宜。

植物生长调节剂在草坪草上的应用

草坪是指多年生低矮草本植物在天然形成或人工建植后经养护管理而形成的相对匀称、平整的草地植被，而草坪草则是指能够经受一定修剪而形成草坪的草本植物。草坪草种类繁多，但主要以多年生和丛生性强的矮性禾本科或莎草科草本为主。通常依据草坪草的生态习性大体可分为冷季型草坪草和暖季型草坪草，前者在15～25℃下生长良好，主要种植在北方冷湿和冷干旱、半干旱地区等，而后者适宜的生长温度为26～35℃，广泛分布于气候温暖的湿润、半湿润及半干旱地区等。

草坪具有绿化美化、水土保持、调节小气候、降低噪声、观赏和运动等功能，目前草坪草已被广泛应用于城市建设、园林景观、体育场地、娱乐休闲、环境保护等各个方面。不过，不同功能的草坪在草坪草选择上有所不同。例如，公园、公共场所、商业广场园林及家庭院落休息场地的草坪多选择紫羊茅、绒毛剪股颖、沟叶结缕草、细叶结缕草、中华结缕草、地毯草等。运动场、高尔夫球场草坪在草种选择时要求耐践踏和易于管理，可选择草地早熟禾、匍匐剪股颖(尤多用于高尔夫球场)、狗牙根和结缕草属草本等。运动场草坪在冬季休眠期为增添绿色可补种一些多年生黑麦草、一年生黑麦草等。装饰的草坪草要求草种叶片细、手感好、颜色绿，可选用紫羊茅、细羊茅、沟叶结缕草、地毯草等。公路、高速公路两侧护坡固定土壤时可选择的草种有匍匐剪股颖、地毯草、狗牙根、美洲雀稗等。用于水土保持的草坪，要求根深并能够快速形成草皮、管理粗放和易于成活，可选择野牛草、普通地毯草、结缕草属草本等。

植物生长调节剂在草坪草上的应用主要有：促进分蘖，增加草坪密度；延缓生长和降低修剪频率；增加绿度，改善草坪质量；提高草坪草的耐寒、耐热和耐旱等抗逆性，延长草坪绿期；有些草坪草使用种子繁殖，在种子生产中，用生长调节剂处理可增加草坪草种子产量。以下简要介绍植物生长调节剂在草坪草上的部分应用实例。

一、白三叶

白三叶又叫白车轴草、白花苜蓿等，是豆科三叶草属的一种优良草种，其叶色深绿，花朵密集，花叶俱佳，草质细软，繁殖快，成坪竞争力强，抗性好，易建植、易养护，是一种优良的草坪草。白三叶可单独成片种植，亦可与早熟禾、高羊茅等禾本科草种混播。正常生长时，由于茎匍匐生长，株高不会超过草坪草，花期时花梗伸出，高于草坪草，在一片浓浓绿色中点缀着朵朵白花，可丰富草坪色彩和观赏性。另外，白三叶也被广泛应用到机场、高速公路、江堤湖岸等固土护坡绿化中去，起到良好的地面覆盖和绿化美化效果。

植物生长调节剂在白三叶上的应用：

1. 促进种子萌发

用20mg/L吲哚乙酸或萘乙酸溶液浸种处理，不仅可加快白三叶种子萌发、提高发芽率，而且可促进种子早期萌发及胚根胚芽生长，提高根芽比，而根的迅速生长有利于草种扎根，固定植株，加速成坪。

2. 调控植株生长

用250～750mg/L多效唑溶液喷施白三叶植株，可明显抑制其叶片生长和节间生长，使叶宽变窄，茎粗增大。另外，对建植3年的白三叶草坪施用750mg/L多效唑溶液，40天后不仅使白三叶生长高度及节间生长明显受到抑制，叶片绿色加深，还可增强茎与叶片对低温的抵抗力，显著提高白三叶经霜后的生长能力。

3. 提高抗旱性

在2～6月份对白三叶植株喷施75mg/L诱抗素溶液，可明显减少白三叶叶片蒸发量，提高白三叶的抗旱性。

二、草地早熟禾

草地早熟禾又名六月禾，为禾本科早熟禾属冷季型草坪草，其质地纤细，色泽诱人，再生能力强，成坪后形成紧密而弹性良好的草坪绿地，加之耐寒耐阴、耐修剪、绿期长，成为温带地区重要的草坪草种之一，广泛应用于北方园林、生态的绿化美化。

植物生长调节剂在草地早熟禾上的应用：

1. 促进种子萌发

用150～300mg/L乙烯利溶液浸种24h处理，可提高草地早熟禾（品种为“Midnight”和“Nuglade”）的种子发芽势，并促进二者胚芽和胚根生长。用100～200mg/L赤霉酸溶液浸泡草地早熟禾的种子24h，可促进种子萌发和幼苗生长（彩图8-1）。

2. 促进生长和提前返青

在草地早熟禾返青初期，用42.5mg/L赤霉酸溶液叶面喷施草坪，可加快其生长，提前返青，且药效可以维持1个月左右。另外，用30～50mg/L赤霉酸溶液叶面喷施草地早熟禾,并配合水肥管理,可加快草坪生长,提早完成返青过程。

3. 调控生长和减少人工修剪

在草地早熟禾菲尔金(“Fylking”)和优异(“Merit”)两个品种的幼苗出土后20天左右,先用150mg/L多效唑溶液叶面喷施1次,然后每隔5天左右再用200mg/L多效唑溶液连续喷施3次,可起到控长矮化的效果。另外,用0.9%丁酰肼溶液对草地早熟禾壁式草毯每两个月进行1次喷雾处理后,其单株叶量明显变少,根量相应增加,可以获得抑制叶片生长、增强根系生长的理想效果。

草坪夏季生长速度快,修剪频率高,费工费时,修剪后1~2天内使用生长延缓剂,如叶面喷施200~250mg/L烯效唑溶液,可有效减缓生长速度,减少修剪频率(彩图8-2)。

4. 提高抗逆性

在草地早熟禾(品种为“Crest”和“Alpine”)秋季播种后40天(三叶期),进行留茬6cm的修剪,在第一次修剪2天后喷施多效唑(25~50mg/m^2)或烯效唑(20~40mg/m^2)溶液,有助于提高早熟禾草坪的抗寒能力,且作用较持久、将近两个月,可用于幼坪以抗御冻害,延长冬季草坪的生长期(绿期)。另外,在夏季高温来临之前,对草地早熟禾喷施多效唑(25~50mg/m^2)或烯效唑(20~40mg/m^2)溶液,能使它们顺利越夏。在西北干旱地区,对草地早熟禾草坪叶面喷施0.3%丁酰肼或0.2%多效唑溶液,即使遇上很干旱的情形(土壤绝对含水量降至14%),草坪仍能保持绿色。再者,对处于荫蔽条件下的草地早熟禾(品种为“肯塔基”),草坪喷施100~200mg/L烯效唑溶液可有效提高草坪的耐阴性,草坪颜色加绿,叶片厚度、宽度增加,茎节变短,植株的抗性也有所提高。对草地早熟禾“Nuglade”品种叶片喷施200mg/L乙烯利,可以提高草地早熟禾响应干旱胁迫的能力。

三、地毯草

地毯草别名大叶油草,为禾本科地毯草属多年生暖季型草坪草。地毯草植株低矮,平铺地面呈毯状,地上匍匐茎扩展蔓延生长所形成的草坪色泽油绿,质地厚实,踩踏犹如地毯,生长势强,成坪快,适应性强,耐践踏,耐粗放管理,常被用作运动场草坪、公共绿地的园林绿化草和固土护坡的草坪材料等。

植物生长调节剂在地毯草上的应用:

1. 调控植株生长

用50~200mg/L多效唑溶液或10~50mg/L烯效唑溶液喷施地毯草草坪,均可明显降低植株生长,同时还能促进分蘖,达到矮化和美化草坪的目的。

2. 提高抗旱性

用5mg/L诱抗素溶液、50mg/L多效唑溶液或10mg/L烯效唑溶液喷施地毯草草坪,均可提高其抗旱性,并明显减轻干旱条件下叶片焦枯程度。

四、高羊茅

高羊茅又名苇状羊茅、苇状狐茅，为禾本科羊茅属多年生冷季型草坪草。高羊茅属丛生型，叶片宽阔，色泽浓绿，绿期长，分蘖能力强，具有发达的根系，适应性强，是最耐旱、耐践踏的冷季型草坪草之一，可用于建植多种草坪绿地，可应用于公园、机关和住宅的绿化以及高质量的运动场。

植物生长调节剂在高羊茅上的应用：

1. 促进种子萌发

用100～200mg/L赤霉酸溶液浸泡高羊茅（品种为“猎狗五号”）种子48h，或用100mg/L赤霉酸浸种24h，可促进种子萌发和幼苗生长，使发芽率明显提高。另外，用0.5mmol/L水杨酸或300mg/L赤霉酸溶液浸泡高羊茅种子8h处理，也可促进其种子萌发。

2. 促进生长和提前返青

用100mmol/L萘乙酸溶液喷施高羊茅草坪（“三A”“爱美”和“佛浪”3个品种混播的草坪），可明显促进根系发育和增加分蘖数。另外，在高羊茅返青前期，用30～50mg/L赤霉酸溶液配合适量复混肥（22∶8∶15）叶面喷施植株，可明显加快草坪草生长，促进草坪的提早返青（彩图8-3）。

3. 调控生长和减少人工修剪

高羊茅生长快、修剪频率高，是生产中令人困扰的问题。在高羊茅剪草前5～7天，用200～400mg/L烯效唑溶液叶面喷施植株，可明显抑制生长，且叶色浓绿，通常喷药1次，药效维持约3个月。用600mg/L多效唑溶液喷施高羊茅也能强烈抑制生长，使叶片变短增厚，节间缩短，并减少草坪修剪次数。另外，用600～1000mg/L矮壮素溶液喷施高羊茅植株，可使其生长速度降低，根系变短，单株分蘖增多。

4. 提高抗逆性

用0.5mmol/L水杨酸溶液浸泡高羊茅种子24h，可显著增强高羊茅种子萌发阶段的抗旱性。另外，用200mg/L多效唑溶液喷施高羊茅植株，可使根系活力增强，并增强植株的耐热性和延缓植株的衰老，获得较好越夏能力。使用20mg/L诱抗素喷施高羊茅，可显著提高草坪抗旱能力（彩图8-4）。再者，在冬季低温胁迫下，用15mg/L诱抗素溶液叶面喷施高羊茅，每隔15天喷施1次，共喷3次，可提高植株生长势和抗寒能力。

五、狗牙根

狗牙根别名为绊根草、爬根草、百慕大草、天堂草等，为禾本科画眉草亚科狗牙根属多年生暖季型草坪草，其质地细腻，色泽浓绿，再生能力强，成坪速度快，耐践踏，是一种典型的暖季型“当家草种”。狗牙根一般包括普通狗牙根和杂交狗牙根等多个品种，具有强大的根茎，能形成致密的草皮，被广泛应用于高尔夫球场、足球场、公园及庭院等。

植物生长调节剂在狗牙根上的应用：

1. 促进种子萌发

用5mg/L赤霉酸溶液浸泡百慕大狗牙根种子24h，可显著促进其萌发。另外，用1mg/L赤霉酸或二氯苯氧乙酸溶液浸泡狗牙根种子48h，也可明显提高其发芽率和发芽势。

2. 促进生长和加速成坪

于5月初对狗牙根草坪喷施50mg/L赤霉酸溶液，半个月后再喷施一次，可明显促进狗牙根茎生长，而且叶片变长变宽，对于早期成坪有很大作用（彩图8-5）。另外，用5mg/L苄氨基嘌呤溶液喷施狗牙根草坪，喷施10天后，其分蘖就明显增加，匍匐茎也有伸长，过20天后，仍能促进狗牙根分蘖，且成坪速度比不施用的约快10天。

3. 调控生长和减少人工修剪

用400mg/L矮壮素溶液喷施狗牙根草坪，可缩短主茎和节间长度，产生明显的矮化效应，可用来替代人工修剪，并能增加分蘖，提高草坪质量，使草坪更耐践踏。另外，在狗牙根拔节前后，用3000mg/L矮壮素溶液进行叶面喷施，可明显抑制主茎和分蘖茎的伸长，矮化作用明显，可代替人工修剪，降低草坪管理成本，并且还可促进分蘖的大量发生。

4. 增强抗逆性

在入冬前用15mg/L诱抗素溶液叶面喷施狗牙根（品种为"新农1号"和"喀什狗牙根"）植株，可提高植株对低温的适应能力。另外，用5mg/L诱抗素溶液、50mg/L多效唑溶液或10mg/L烯效唑溶液喷施矮生狗牙根，可显著提高其抗旱性。

5. 延长绿期

11月初用50mg/L或100mg/L赤霉酸溶液喷施狗牙根草坪，能改善秋季枯黄，达到延绿的效果，其中喷2次（中间间隔1周）的效果比只喷1次显著。另外，在10月初用150mg/L赤霉酸或1～10mg/L苄氨基嘌呤溶液喷施狗牙根草坪，可延缓叶片枯黄，提高草坪质量，延长观赏期。再者，对留茬高度3～5cm的狗牙根植株喷施150mg/L赤霉酸溶液15天后，即可明显延缓叶片枯黄，减少草丛中的枯黄叶片数。

六、海滨雀稗

海滨雀稗又称夏威夷草，为禾本科雀稗属植物，原产于热带、亚热带海滨地带。秆匍匐茎甚长，可长达数十厘米，花梗长，节无毛。极耐盐，几乎是狗牙根耐盐能力的两倍，耐盐浓度为0.04%～0.06%，可用海水灌溉。对土壤的适应性强，适宜的土壤pH值是3.5～10.2，无论在沙土、壤土，还是重黏土、淤泥中都能良好生长，耐水淹。

植物生长调节剂在海滨雀稗上的应用：

1. 促进春季快速返青

使用30～50mg/L赤霉酸溶液叶面喷施植株，并配合水肥管理，可在春季低温季节明显加快草坪草生长，促进海滨雀稗草坪提早返青（彩图 8-6）。

2. 调控生长和减少人工修剪

在夏季高温季节，海滨雀稗草坪生长速度快，修剪频率高，使用 600mg/L 胺鲜酯 + 600mg/L 乙烯利 + 200mg/L 烯效唑的混合液叶片喷施海滨雀稗，可有效减缓草坪生长速度，降低修剪频率。

七、黑麦草

黑麦草为禾本科黑麦草属草本植物的统称，常用于建置草坪的黑麦草有一年生黑麦草（别名多花黑麦草、意大利黑麦草）和多年生黑麦草（别名宿根黑麦草），均为冷季型草坪草。黑麦草茎叶柔嫩，色泽深绿，分蘖发达，生长快，抗病虫害能力和分蘖能力强，耐践踏性较好，是全世界最受欢迎的草坪草之一。

植物生长调节剂在黑麦草上的应用：

1. 促进种子萌发

用 0.5mmol/L 水杨酸溶液浸种 24h 处理，可有效地提高黑麦草（品种为“托亚”）种子的发芽率和发芽势以及幼苗生长。另外，用 0.15 ~ 1mmol/L 水杨酸溶液浸泡 3 个不同品种的黑麦草（“欧必克”“多福”和“凤凰”）种子 24h，也可明显增高萌发率，同时还可促进黑麦草在干旱胁迫条件下胚根和胚芽的伸长。

2. 调控生长和减少人工修剪

在黑麦草播种期，用 750mg/L 多效唑或 3000mg/L 丁酰肼溶液浸种 8h，均可在不影响其发芽、成坪的前提下，有效控制黑麦草幼苗株高，减少成坪前修剪次数。另外，对分蘖初期的多年生黑麦草（品种为“卡特”）进行 1 次修剪后喷施 200 ~ 400mg/L 矮壮素或 200mg/L 烯效唑溶液，可明显延缓植株生长，减少修剪次数，促进分蘖（彩图 8-7）。其次，对黑麦草喷施 400mg/L 甲哌鎓溶液，也可延缓黑麦草的生长，减少修剪次数。再者，用 200mg/L 多效唑溶液喷施处理对多年生黑麦草（品种“爱神特Ⅱ号”）株高、叶长及地上部分植株鲜重、干重的抑制作用显著，可作为多年生黑麦草的化学修剪。

3. 增强抗旱性

在黑麦草（商品名“百灵鸟”）生长时期叶片喷施 40mg/L 烯效唑溶液，可提高黑麦草的抗旱性，对草坪节水灌溉有重要意义。另外，用 200mg/L 多效唑溶液喷施多年生黑麦草（品种“轰炸机”），也可显著提高其抗旱性。

4. 延长观赏期

用 1000mg/L 多效唑溶液喷施多年生黑麦草，可增强植株代谢能力，延长草坪草的观赏期。另外，选择在 5 月中旬（留茬 8.0cm）和 6 月中旬（留茬 5.0cm）对多年生黑麦草叶面喷施 600mg/L 多效唑溶液，则黑麦草越夏能力得到加强，到 8 月份整个草坪枯黄程度降低，且枯黄部位均为叶尖，叶片叶绿素含量提高，草坪质量明显改善。

八、假俭草

假俭草属于禾本科蜈蚣草属多年生草本植物，是世界三大暖季型草坪草之一。其匍匐生长性能强，扩展蔓延迅速，成坪速度快，根深，具备较强的抗性，耐旱、耐阴、耐贫瘠，具有植株低矮、覆盖率高、易建植、耐粗放管理等显著优点，被广泛用于公共绿地草坪、运动场草坪、水土保持和公路边坡草坪建植等。

植物生长调节剂在假俭草上的应用：

1. 促进种子萌发

用200mg/L赤霉酸溶液浸泡假俭草种子3天，可促进种子萌发和有效提高发芽率。

2. 促进扦插生根

用100mmol/L萘乙酸溶液浸泡假俭草带叶茎枝5min后再扦插种植，可促进生根和生长。

3. 增强抗性和延长绿期

假俭草全年枯黄期达四个多月，且枯黄的叶片黄中带褐，降低了假俭草的观赏价值和景观效应。用10mg/L苄氨基嘌呤溶液喷施假俭草植株，可提高抗寒性，并延长其绿期16～17天。另外，用1000mg/L丁酰肼溶液喷施假俭草，也可提高其抗寒性，延缓低温条件下的叶绿素分解，并延长绿期4～5天。

九、结缕草

结缕草为禾本科结缕草属多年生暖季型草坪草，主要有日本结缕草（又叫锥子草、老虎皮、崂山草等）、细叶结缕草（又叫天鹅绒草）和沟叶结缕草（又叫马尼拉草、半细叶结缕草）等种类。三者生态特性与栽培方法相似，具有发达的横走根状茎，生长旺盛，适应性强，耐瘠薄，耐践踏，耐粗放管理，被广泛应用于城市园林绿化、运动草坪建植和环境治理等。

植物生长调节剂在结缕草上的应用：

1. 促进种子萌发

用7%～10%氢氧化钠溶液浸种15min后再加入40～160mg/L赤霉酸溶液浸种24h处理，可有效解除结缕草种子的休眠，并显著提高发芽率。

2. 促进植株生长和加速成坪

用5mg/L苄氨基嘌呤溶液喷施沟叶结缕草，喷施15天后，结缕草分蘖增加，匍匐茎明显伸长，成坪速度也比不施用的快约14天。另外，在沟叶结缕草分蘖期用25～50mg/L的赤霉酸溶液或1～5mg/L苄氨基嘌呤溶液喷洒植株，10天后再喷洒1次，可明显促进匍匐茎的伸长生长和分蘖，缩短成坪天数。再者，用50mg/L赤霉酸溶液喷施处理沟叶结缕草，可提早约半个月成坪，在草坪品质方面也可使草丛增高、盖度增大、叶色变浅。在暖季型草坪播茎后1个月使用33mg/L苄氨基嘌呤与25mg/L

吲哚乙酸+25mg/L萘乙酸混合液叶面喷淋细叶结缕草，可使草坪提早成坪10～15天(彩图8-8)。

3. 延长绿期

沟叶结缕草是南方草坪建植中经常选择的暖季型草坪草，但会有一段冬季枯黄期。为此，在9月底至10月初，用25～150mg/L赤霉酸溶液喷洒沟叶结缕草草坪，每隔10天喷洒1次，共喷洒3次，15天后即可明显延缓叶片枯黄，草丛中的枯黄叶片数减少，其效果随浓度的增大而增强，作用持续时间长达50天。同样的喷洒条件下，喷洒1～10mg/L苄氨基嘌呤溶液25天后，枯黄叶片数也会明显减少。用50mg/L赤霉酸与2mg/L苄氨基嘌呤复配制剂喷淋处理细叶结缕草，可明显加速成坪速度，延长绿期(彩图8-9)。再者，在广东地区冬季来临前(11月份)，对沟叶结缕草喷施250～350mg/L多效唑溶液，可明显改善草坪冬季的质量，延长沟叶结缕草的绿期。

4. 增强抗逆性

对细叶结缕草草坪施用200mg/L烯效唑或500mg/L多效唑溶液后，有助于提高草坪的抗寒能力。另外，用多效唑溶液(用量约为50mg/m^2)喷施高尔夫球场日本结缕草植株，可有效提高其根冠比，并增强草坪草的抗逆性，从而节约管护成本。再者，在冬季喷施200mg/L烯效唑溶液或500mg/L多效唑溶液可明显增加细叶结缕草叶绿素含量，加深叶色，延缓植株的生长，增强结缕草的抗寒能力，提高细叶结缕草越冬能力。对结缕草草坪施用20mg/L诱抗素可明显提高草坪抗旱能力，减少草坪枯黄率(彩图8-10)。

十、马蹄金

马蹄金又名马蹄草、黄疸草、九连环、小金钱等，为旋花科马蹄金属多年生匍匐草本，其植株低矮，形态优美，叶小呈马蹄状，花淡黄色，株丛致密，可形成低矮、均匀、平整而美观的草坪植被，耐轻度践踏，青绿期较长，易于繁殖和管理，是一种除禾本科、豆科、莎草科之外应用较多的草坪草种之一，在我国南方地区及长江流域被广泛应用。

植物生长调节剂在马蹄金上的应用：

1. 促进种子萌发

用50mg/L赤霉酸溶液浸泡野生马蹄金种子4h，可明显提高种子发芽率和发芽势。

2. 调控植株生长和增强抗寒性

用30～50mg/L多效唑溶液叶面喷洒马蹄金植株，可使其分枝增多，叶片密度加大，有效提高草坪的质量和观赏性，并增强其抗寒性。

十一、匍匐剪股颖

匍匐剪股颖又叫匍茎剪股颖，为禾本科剪股颖属多年生冷季型草坪草，其茎秆基部平卧地面,所形成的草坪葱翠青绿,再生能力强,耐寒、耐修剪,青绿期长,是一种优质的城市园林绿化草种,也常用于高尔夫果岭草坪。

植物生长调节剂在匍匐剪股颖上的应用:

1. 调控植株生长和提高观赏性

在匍匐剪股颖(品种为“绿洲”)生长初期(播种 50 天,植株高度约 6cm),连续 3 天用多效唑溶液(用量为 100mg/m^2)或 10 ~ 200mg/L 烯效唑溶液进行叶面喷施处理,均可增加草坪地下部分生长量,提高根冠比,并有效降低匍匐剪股颖在春秋两个生长高峰期的生长高度,提高观赏性(彩图 8-11)。另外,用浓度为 1000 ~ 5000mg/L 矮壮素溶液叶面喷施匍匐剪股颖,可有效减缓其地上部分生长,提高根冠比,并使叶片变短增厚,降低草坪管理成本,提高草坪观赏价值。再者,用 0.3% ~0.9% 丁酰肼溶液对壁式草毯匍匐剪股颖进行喷雾处理,可明显抑制叶片生长,促进根系生长,提高根冠比。在匍匐剪股颖生长期,用 25mg/L 吲哚丁酸 + 25mg/L 萘乙酸(1∶1)复配制剂对匍匐剪股颖进行喷淋处理,可显著提高草坪地下部分根系生长量(彩图 8-12)。

2. 增强抗性和延长观赏期

用 10mg/L 苄氨基嘌呤溶液喷施匍匐剪股颖(品种为“开拓”)植株,有利于其抵御高温,并促进高温胁迫下的生长,并增加叶绿素含量。另外,用 100mg/L 烯效唑溶液喷施匍匐剪股颖处理,且每隔 10 天喷施 1 次,可使植株高度降低、叶片宽度变宽、叶片厚度变厚,并有效提高植株抗逆性和延长草坪的观赏期。施用 20mg/L 诱抗素溶液喷施匍匐剪股颖,在 -18℃受冻 5h 后,再常温培养 1 天后观察发现,对照 90% 以上植株受冻,诱抗素处理表现正常,即诱抗素显著提高匍匐剪股颖的抗寒能力(彩图 8-13)。

十二、野牛草

野牛草为禾本科虎尾草亚科野牛草属多年生草本。其叶片色泽优美、质地柔软,具有匍匐茎,可形成低矮、整齐、细密的草坪,有极强的抗旱、耐践踏、耐热和抗病虫害能力,被称为草坪植物中的耐旱冠军,是理想的节水型低维护草坪草种,很适合建植管理粗放的开放性绿地草坪。

植物生长调节剂在野牛草上的应用:

1. 促进种子萌发

用 60mg/L 赤霉酸溶液浸泡野牛草(品种为“中坪一号”)种子 24h,可打破种子休眠和促进萌发。使用 2000mg/L 赤霉酸浸泡野牛草(品种为“Spark”)种子 14h 可以打破野牛草种子休眠、促进地上部分生长以及其幼苗内源赤霉酸含量。

2. 促进生长和延长绿期

用 100mmol/L 萘乙酸溶液喷施野牛草草坪,可明显增加分蘖数,促进根系发育。另外,在草皮生产中,在野牛草 4 叶龄时施用 1mmol/L 矮壮素溶液有利于成坪、打卷,可提早 20 天成坪。再者,用 25 ~ 200mg/L 赤霉酸溶液喷洒处理野牛草,可使其绿期延长 10～15 天。用 450mg/L 吲哚乙酸或 1500mg/L 赤霉酸浸泡野牛草(品种为“Spark”)种子,可以增加野牛草幼苗期可溶性糖和淀粉的积累。

3. 降低修剪频率

野牛草在夏季高温到来之际,修剪高度保持在 3cm 左右,然后浇足水,2～3 天后喷施 1mmol/L 矮壮素溶液,可维持 1 个月不用修剪。随后,可根据草坪的长势情况再喷 1 次矮壮素,浓度要稍低于上次,可进一步降低修剪频率,减少养护成本。

十三、紫羊茅

紫羊茅又叫红狐茅、红牛尾草,为禾本科羊茅属冷季型草坪草,具有横走根状茎和短的匍匐茎,色泽鲜绿,质地柔软,能形成整齐的优质草坪,且富有弹性,绿色期长,有很强的耐寒能力,在－30℃的寒冷地区也能安全越冬,被广泛用于建立休闲娱乐场所、绿地、观赏点、环境保护和运动场的草坪,成为用途最广的冷季型草坪草之一,也是一种北方常见的冷季型草坪草。

植物生长调节剂在紫羊茅上的应用:

1. 抑制生长，矮化植株

用 200mg/L 多效唑或 16mg/L 烯效唑溶液叶面喷施紫羊茅(品种为“派尼”),可显著提高紫羊茅的叶绿素含量,使草坪颜色变深。另外,用 250mg/L 多效唑溶液叶面喷施紫羊茅草坪,每隔 1 月喷施 1 次,喷施后 2～3 天再喷水,1 周后就能取得抑制生长的效果,并且草坪颜色变深,药效可以维持 28 天左右。

2. 增强抗逆性

用 2mmol/L 水杨酸溶液在 26℃下浸泡紫羊茅种子 24h,有助于提高紫羊茅抗寒能力。另外,用 200mg/L 水杨酸溶液喷施紫羊茅(品种为“百琪Ⅱ代”)可明显提高其抗盐性。

参 考 文 献

[1] 刘亚丽,范红军. 生长调节剂对牡丹切花保鲜及生理效应的影响. 湖北农业科学,2006,45(5):627-630.

[2] 吴业东,张霞. 几种外源调节素对仙客来开花的影响. 中国科技信息,2006,20:85-86.

[3] 张福平,范金笋. 朱槿扦插试验研究. 北方园艺,2007,(12):175-177.

[4] 郑疏影,潘远智,孙振元. 植物生长调节剂对大花蕙兰分蘖及生长发育的影响. 北方园艺,2007,(1):85-87.

[5] 邵素娟. 朱顶红快繁技术研究[D]. 上海:上海交通大学,2008.

[6] 孙莉莉,孙晓梅,张正伟,等. 激素对风信子(*Hyacinthus orientalis*)鳞片扦插繁殖的影响. 西北农业学报,2008,17(3):290-293.

[7] 谢国强. 外源激素对薰衣草试管苗生长影响[D]. 济南:山东农业大学,2008.

[8] 陈武荣,耿开友,宋知春,等. 不同浓度多效唑对盆栽彩色马蹄莲的矮化影响. 北方园艺,2009,(12):175-177.

[9] 程桂平,刘伟,何生根,等. 植物生长调节剂在花卉生产上的应用研究概述. 湖北农业科学,2009,48(7):1757-1759.

[10] 高小燕,李连国,江少华,等. 不同浓度NAA与基质对景天扦插生根的影响. 内蒙古农业大学学报,2009,30(2):100-103.

[11] 黄诚梅,江文,韦昌联,等. 萘乙酸与多效唑对茉莉成花及新梢等生理指标的影响. 北方园艺,2009,(12):166-169.

[12] 黄建,钱仁卷,张旭乐,等. 不同激素处理对蝴蝶兰开花的影响. 浙江农业科学,2009,(3):493-494.

[13] 潘佑找,杨小维,侯凤娟. 几种生长调节剂对栀子嫩枝扦插生根的影响. 现代农业科技,2009,(19):208-209.

[14] 李玉娟,张健,李敏,等. 蔗糖和不同外源激素处理对美国红枫色叶的影响. 广西农学报,2009,24(6):27-28,42.

[15] 隋艳晖,张剑,张志国. 比久和矮壮素对矮牵牛穴盘苗生长的控制作用. 中国农学通报,2009,25(23):343-346.

[16] 吴月燕,毛军平,周倩倩. 路易斯鸢尾组织培养过程中愈伤组织的诱导和芽的分化. 浙江农业科学,2009,(1):86-89.

[17] 郑宝强. 卡特兰花期调控及其关键栽培技术研究. 北京:中国林业科学研究院,2009.

[18] 何生根,李红梅,刘伟,等. 植物生长调节剂在观赏植物上的应用. 北京:化学工业出版社,2010.

[19] 黄雪梅. 春兰花期调控技术及其生理特性研究[D]. 桂林:广西师范大学,2010.

[20] 蒋建定,王福银,季建清,等. 花叶夹竹桃嫩枝扦插育苗试验. 江苏林业科技,2010,37(1):18-20.

[21] 姜英,彭彦,李志辉,等. 多效唑、烯效唑和矮壮素对金钱树的矮化效应. 园艺学报,2010,37(5):823-828.

[22] 蒋运生,韦霄,漆小雪,等. 金花茶高空压条繁殖技术. 福建林业科技,2010,37(1):68-71.

[23] 李宁毅,孙莉娟,刘冰. S-3307及其与SA复配对万寿菊穴盘苗生长和抗性生理的影响. 种子,2010,29(8):38-41.

[24] 陆銮眉,林金水,谢志明. 不同保鲜液对龙船花切花的保鲜效果. 园艺学报,2010,37(8):1351-1356.

[25] 罗平,李会彬,左启华,等. 多效唑对狗牙根草坪生长的影响. 草原与草坪,2010,30(2):66-68,73.

[26] 宋军阳,张显. 1-MCP对东方百合开放与衰老的影响. 武汉植物学研究,2010,28(1):109-113.

[27] 王翊,马月萍,戴思兰. 观赏植物花期调控途径及其分子机制. 植物学报,2010,45(6):641-653.

[28] 吴秋峰,毛军平,吴月燕. 鸢尾组织培养过程中根系的诱导与移栽试验. 浙江农业科学,2010,(4):762-765.

[29] 武新琴,智顺. 不同基质及激素对倒挂金钟扦插生根的影响. 山西林业科技,2010,39(3):34-36.

[30] 徐洪辉,陈晓德,谢世友,等. 叶面喷施多效唑对醉蝶花的生长和开花的影响. 北方园艺,2010,(11):79-82.

[31] 郑宝强,王雁,彭振华,等. 不同生长调节剂处理对卡特兰开花的影响. 林业科学研究,2010,23(5):744-749.

[32] 周航,王京文,杨文叶. 基质和激素对一品红扦插生根的影响. 浙江农业科学,2010,(5):978-979.

[33] 秦建彬,魏翠华,余祖云,等. 大花蕙兰花芽分化与激素关系的研究. 中国农学通报,2011,27(31):109-112.

[34] 崔向东,史素霞. 多效唑对水仙高度和花期的影响. 安徽农业科学,2011,39(12):6979-6980.

[35] 杜玉婷,黄牡丹,程聪,等. 赤霉素和蔗糖对唐菖蒲切花的保鲜效应. 湖北农业科学,2011,50(13):2685-2688.

[36] 冯莹,潘东明. 香石竹保鲜技术研究进展. 北方园艺,2011,(21):182-185.

[37] 黄艳花,梁平,石爱莲. 植物生长延缓剂对两种绿篱植物矮化效应研究. 南方农业学报,2011,42(3):284-287.

[38] 奎万花. 干旱区不同处理对金露梅嫩枝扦插成苗及苗期生长的影响. 中国农学通报,2011,27(10):88-91.

[39] 李国树,李文春,徐成东,等. 几种植物生长调节剂对山茶花扦插生根的影响. 北方园艺,2011,(14):65-69.

[40] 刘海臣,张冬梅,舒遵静,等. 不同浓度生长激素对红瑞木扦插生根的影响. 内蒙古民族大学学报(自然科学版),2011,26(6):679-681.

[41] 刘开业,陆肇伦,杨烈. 不同外源激素处理对狗牙根种子发芽的影响. 草原与草坪,2011,31(5):26-29.

[42] 马关喜,齐振宇,沈伟桥,等. PP_{333}对蝴蝶兰婚宴生长的影响. 浙江农业科学,2011,(4):799-801.

[43] 麦苗苗,王米力,石大兴. 连香树嫩枝扦插繁殖技术研究. 福建林业科技,2011,38(3):103-106,120.

[44] 彭芳. 文心兰花芽形态分化及其生理生化的研究[D]. 桂林:广西大学,2011.

[45] 彭芳,韦鹏霄. 喷施不同生长调节剂对"milliongolds"文心兰开花的影响. 亚热带植物科学,2011,40(3):12-15.

[46] 曲善民,冯乃杰,郑殿峰,等. 植物生长调节剂在草坪草上的化控应用技术. 草业与畜牧,2011,187(6):38-40.

[47] 王云波,凌青,李玉香,等. 地涌金莲组培快繁技术. 研究现代农业科技,2011,(6):211-213.

[48] 吴月燕,李波,朱平,等. 植物生长调节剂对西洋杜鹃花期及内源激素的影响. 园艺学报,2011,38(8):1565-1571.

[49] 徐银保,欧阳雪灵,周华. 多效唑对金边瑞香的矮化效果. 江西林业科技,2011,(1):13-14.

[50] 玉舒中,吕文玲,李悦,三种植物生长调节剂对七彩朱槿生长的影响. 北方园艺,2011,(14):75-77.

[51] 赵玉芬,储博彦,尹新彦,等. 喷施 6-BA 和 PP_{333}对大花萱草"红运"分蘖能力的影响研究. 北方园艺,2011,(19):81-83.

[52] 朱红波,林士杰,张忠辉,等. 椴树属树种种子休眠原因及提高种子萌发率概述. 中国农学通报,2011,27(22):1-4.

[53] 蔡祖国,李鹏鹤,赵兰. 植物生长调节剂对苏铁水培生根诱导的影响. 北方园艺,2012,(21):60-62.

[54] 陈婧婧,王小德,马进,等. 不同瓶插液对梅花品种三轮玉蝶采后生理特性的影响. 江苏农业科学,2012,40(7):252-254.

[55] 陈丽娟,沈彩华,张昕昕,等. 化学诱变剂及赤霉素对狭叶薰衣草种子萌发的影响. 种子,2012,31(12):1-4,8.

[56] 陈卓梅,杜国坚,胡卫滨,等. 2 种植物生长调节剂对盆栽桂花的矮化效果试验. 浙江林业科技,2012,32(2):53-56.

[57] 冯朝元. 珍稀树种连香树种子发芽特性的研究. 湖北林业科技,2012,173:9-12.

[58] 何莉,张天伦,贾文庆. 不同处理下紫羊茅种子的发芽特性. 江苏农业科学,2012,40(8):192-193.

[59] 何淑玲,马令法. 萘乙酸对蜡梅扦插生根的影响. 湖北农业科学,2012,51(21):4804-4806.

[60] 李黛,张仁波. 野生淡黄花百合鳞片的扦插繁殖技术研究. 贵州农业科学,2012,40(7):173-175.
[61] 李宁毅,杨卓,韩晓芳,等. 烯效唑及与水杨酸配施对美女樱幼苗生长及光合特性的影响. 种子,2012,31(3):93-95.
[62] 李永欣,余格非,王晓明,等. 美国红叶紫薇扦插技术研究. 湖南林业科技,2012,39(5):112-114.
[63] 廖林正,周友兵,吴涤,等. 生长调节物质及木质化程度对金银花扦插繁育的影响. 北方园艺,2012,(4):161-163.
[64] 廖伟彪,张美玲,杨永花,等. 植物生长调节剂浓度和处理时间对月季扦插生根的影响. 甘肃农业大学学报,2012,47(3):47-51.
[65] 林萍,李宗艳,吴荣,等. 保鲜剂对晚香玉切花的保鲜效应. 植物生理学报,2012,48(5):472-476.
[66] 刘旭,刘博,吕春华,等. 不同激素处理对非洲菊开花的影响. 北方园艺,2012,(24):83-84.
[67] 刘志强,韩靖玲. 多效唑对羽衣甘蓝幼苗株高的影响. 现代农业科技,2012,(14):132-133.
[68] 任桂红,陈杰,张方芳,等. 大丽花组织培养及快繁技术研究. 北华大学学报(自然科学版),2012,(4):410-412.
[69] 宋巍,李志辉,张起华,等. 植物生长调节剂对高羊茅草坪草的应用效果研究. 河北农业科学,2012,16(1):48-50,57.
[70] 孙丽,刘振威,赵润洲,等. NAA、IBA 处理及不同营养液配方对水培常春藤的影响. 西北农业学报,2009,18(4):359-362.
[71] 汤楠. 生长延缓剂对盆栽小苍兰生长发育的影响[D]. 上海:上海交通大学,2012.
[72] 田丹青,葛亚英,潘刚敏,等. 不同外源物质处理对红掌抗寒性的影响. 浙江农业科学,2012,(8):1142-1144.
[73] 徐永艳,宋妍,汪琼. 3 种生长调节剂对茶梅扦插生根的影响. 西部林业科学,2012,41(6):37-42.
[74] 徐永艳,单丽丽,汪琼,等. 4 种生长调节剂对三角梅扦插生根的影响. 西部林业科学,2012,43(1):23-28.
[75] 杨翠芹,秦耀国,童川. 不同基质与植物生长调节剂对扶桑插条生根的影响. 北方园艺,2012,(5):88-90.
[76] 殷怀刚,陈卫平,周琴,等. 6-BA 对匍匐剪股颖耐热性的影响. 江苏农业科学,2012,40(1):150-151.
[77] 甄红丽,苑兆和,冯立娟,等. CCC 对大丽花表型和 2 种内源激素的影响. 林业科学,2012,48(9):30-35.
[78] 张翠萍,仇硕,赵健,等. 两种植物生长调节物质对姜荷花种球繁育的影响. 南方农业学报,2012,43(3):283-285.
[79] 张改娜,张利娟,崔碧霄,等. "凤丹白"牡丹不定芽的诱导和生根研究. 生物学通报,2012,47(4):46-48.
[80] 张鸽香,侯飞飞. 赤霉素对盆栽风信子 BlueJacket 生长与开花的调节. 江苏农业科学,2012,40(11):179-181.
[81] 张咏新. 银边八仙花的扦插繁殖试验. 北方园艺,2012,(21):69-70.
[82] 岳静. 光质和植物生长调节剂对杜鹃花期观赏性状及相关特性的影响[D]. 成都:四川农业大学,2012.
[83] 张鸽香,侯飞飞. 叶面喷施多效唑对盆栽风信子生长与开花的影响. 林业科技开发,2012,(2):32-35.
[84] 章志红,蒋联方. 植物生长调节剂对栀子扦插生根的影响. 湖北农业科学,2012,51(5):934-936.
[85] 蔡新赟,邵秋雨,张新新,等. 生长调节剂对坪用多年生黑麦草生长特性的影响. 草业科学,2013,30(7):1014-1018.
[86] 丁华侨,刘建新,王炜勇,等. 不同植物生长延缓剂对姜荷花的矮化效果. 浙江农业科学,2013,(5):559-562.
[87] 窦全丽,张仁波. 短梗南蛇藤种子的萌发特性. 植物生理学报,2013,49(1):75-80.
[88] 何文芳. 多效唑对水培风信子矮化作用研究. 中国园艺文摘,2013,(5):29-30.
[89] 纪书琴,刘宪东,郭翼,等. 赤霉素诱导紫丁香提早开花试验初报. 南方农业学报,2013,44(12):2046-2048.
[90] 潘伟,张爽,卞勇,等. 赤霉素和温度对野生长柱金丝桃种子萌发的影响. 江苏农业科学,2013,41(4):

175-176.

[91] 李帆. 蓝花楹种子萌发与幼苗生长特性研究[D]. 成都:四川农业大学,2013.

[92] 李骏捷,黄超,徐慧,等. 三种生长延缓剂对八仙花矮化及开花影响. 中国观赏园艺研究进展,2013:431-435.

[93] 李俊玲,邹志荣. 四季秋海棠穴盘育苗技术. 甘肃农业科技,2013,(1):62-63.

[94] 李军萍,徐峥嵘,师进霖. 1-甲基环丙烯对洋桔梗切花的保鲜效应. 江苏农业科学,2013,41(3):212-214.

[95] 李玲,肖浪涛. 植物生长调节剂应用手册. 北京:化学工业出版社,2013.

[96] 黎雯茜,胡春梅,蔡信欢,等. 基质和激素对八仙花嫩枝扦插生根的影响. 湖南农业科学,2013,(15):159-160.

[97] 刘付东标,王俊宁,李润唐,等. 不同长度富贵竹种苗及IBA处理对其生根及幼苗黄化的影响. 北方园艺,2013,(3):76-78.

[98] 宁云芬,黄春亮,杨再云,等. 多效唑与遮光处理对盆栽一品红生长及花期的影响. 北方园艺,2013,(1):56-58.

[99] 马孟莉,刘艳红,张建华,等. 外源赤霉素对仙客来开花的影响. 北方园艺,2013,(22):89-91.

[100] 闫海霞,卢家仕,黄昌艳,等. 萘乙酸和吲哚丁酸对月季扦插成活效果的影响. 南方农业学报,2013,44(11):1870-1873.

[101] 史清云,王姗,张荣良. 外源乙烯利、萘乙酸和赤霉素对3种空气凤梨开花性状的影响. 江苏林业科技,2013,40(2):11-13,22.

[102] 汤勇华,张栋梁,顾俊杰. 不同生长延缓剂对盆栽玫瑰的矮化效果. 江苏农业科学,2013,41(3):138-140.

[103] 王彩梅. 白三叶草在现代生态农业中的应用. 现代园艺,2013,(3):32-33.

[104] 吴士彬,李许明,刘顺兴,等. 不同植物生长调节剂对水仙花贮运的影响. 福建热作科技,2013,38(1):29-34.

[105] 杨红超,马丽,吴有花. 6-BA与2,4-D混合保鲜剂对菊花切花保鲜效果研究. 北方园艺,2013,(1):166-168.

[106] 张彬,杜芳. 不同矮化剂对盆栽八宝景天矮化效应研究. 山西农业大学学报(自然科学版),2013,33(6):488-492.

[107] 张文洋,于春雷. 北方盆栽菊花植株矮化及花期调控技术. 现代园艺,2013,(5):30.

[108] 周翠丽. 肥料、外源激素和光照对地涌金莲生长及生理的影响. 北京:中国林业科学研究院,2013.

[109] 曹春燕. 多效唑与矮壮素对盆栽一品红观赏品质的影响. 中国园艺文摘,2014,(7):9-11.

[110] 单芹丽,杨春梅,李绅崇,等. 基质和植物生长调节剂对非洲菊生根的影响. 西南农业学报,2014,27(1):307-310.

[111] 杜坤,王军辉,沙红,等. 外源激素对金露梅、唐古特莸、胡颓子扦插生根的影响. 林业实用技术,2014,(8):62-64.

[112] 韩琴. 山茶花切花保鲜和衰老机理的研究[D]. 宁波:宁波大学,2014.

[113] 韩武章,陈小玲,林碧英. 不同IAA、水杨酸对红掌、常春藤及其组合水生根系诱导的研究. 福建热作科技,2014,39(1):3-7.

[114] 胡吉燕,张星星,张敏,等. 6-BA和GA_3配伍对玫瑰切花保鲜效果的影响. 浙江农业学报,2014,26(5):1223-1226.

[115] 黄海泉,江婷,王万宁. 不同保鲜剂对紫罗兰切花生理效应的影响. 云南农业大学学报,2014,29(4):528-532.

[116] 江波. 梅花花期调控机理初步研究[D]. 杭州:浙江农林大学,2014.

[117] 姜宗庆,汤庚国,肖文华,等. 不同处理对银杏嫩枝扦插生根及相关酶活性的影响. 江苏农业科学,2014,42(5):162-164.

[118] 刘娜,秦安臣,陈雪,等. 植物生长调节剂对牡丹花期调控及花朵畸形的影响. 河南农业大学学报,2014,48(5):567-574.
[119] 刘娜,秦安臣,陈雪,等. 牡丹花期对生长调节剂调控响应的研究. 河北农业大学学报,2014,37(2):31-39.
[120] 罗金环,羊金殿,张孟锦,等. 植物生长调节剂在蝴蝶兰花期调控中的应用研究现状. 现代园艺,2014,(11):6-7.
[121] 石春岩,于巍威. 植物生长调节剂在园林苗木生产中的应用. 新农业,2014,(21):55-56.
[122] 苏瑞娟. 一品红花期调控措施分析研究. 现代农业科技,2014,(23):174,177.
[123] 孙明伟,赵统利,邵小斌,等. 郁金香花期调控研究进展. 江苏农业科学,2014,42(2):149-150.
[124] 田小霞,孟林,毛培春,等. 低温条件下不同抗寒性薰衣草内淅激素的变化. 植物生理学报,2014,50(11):1669-1674.
[125] 王丽英,蔡建国,臧毅,等. 不同生根剂对北美冬青嫩枝扦插生根的影响. 江苏农业科学,2014,42(9):157-159.
[126] 文沛玲,瞿杨,叶光明,等. 不同浓度 6-BA 对黑麦草种子出愈率的影响. 草原与草坪,2014,34(3):20-23,30.
[127] 张丹,赵洁,安小勇,等. 植物生长调节剂对兰州百合鳞片扦插繁殖的影响. 北方园艺,2014,(20):68-71.
[128] 张利娟,钟天秀,许立新,等. 外施氮肥、生长调节剂对结缕草幼苗生长的影响. 草地学报,2014,22(5):1038-1044.
[129] 赵庆柱,张占彪,邱玉宾,等. 不同植物生长调节剂对“夕阳红”槭扦插生根、生长和光合的影响. 中国农学通报,2014,30(10):52-56.
[130] 周红艳,林文雄. 磷、钾肥与多效唑互作对沟叶结缕草养分吸收和细胞质膜透性的影响. 草原与草坪,2014,34(6):68-73.
[131] 曹基武,袁帅,刘春林,等. 不同基质及激素浓度对野含笑扦插生根的影响. 北方园艺,2015,(2):64-67.
[132] 陈楚戟. 浅谈红千层在园林景观中的应用及管理. 福建热作科技,2015,40(2):39-41.
[133] 陈燕,王健. 不同激素处理对绿萝生根的影响. 热带林业,2015,43(2):19-24,28.
[134] 董璐,李青. 大岩桐试管花芽分化与开花影响因素. 东北林业大学学报,2015,(9):34-40.
[135] 韩琴,于勇杰,张晶,等. 保鲜剂对山茶花切花保鲜效果的研究. 中国野生植物资源,2015,34(1):1-4.
[136] 贺丹,吕博雅,王雪玲,等. GA_3、6-BA 和根长对牡丹凤丹白成熟胚解除上胚轴休眠的影响. 河南农业科学,2015,44(10):122-126.
[137] 雷国平. 不同赤霉素浓度对一串红种子萌发的影响. 山西林业,2015,(6):38-39.
[138] 李杰,任如意,李春一,等. 不同生长调节剂对凤仙花种子萌发及根生长的影响. 黑龙江农业科学,2015,(4):57-59.
[139] 廖绍波,陈勇,孙冰,等. 深圳市观花植物资源调查及观赏特性研究. 生态科学,2015,34(5):52-57.
[140] 刘恒,蒋向辉. 不同处理对金银花种子萌发及解剖结构的影响. 湖北农业科学,2015,54(17):4221-4224,4227.
[141] 卢爱英. 植物生长调节物质对大花君子兰生根试验研究初报. 现代园艺,2015,(3):4-5.
[142] 肖晓凤,谢学强. 季节和植物生长调节剂对郁金香矮化栽培的影响. 安徽农业科学,2015,43(18):67-70.
[143] 王书胜,单文,张乐华,等. 基质和 IBA 浓度对云锦杜鹃扦插生根的影响. 林业科学,2015,51(9):165-172.
[144] 王艳,周荣,任吉君,等. 赤霉素对银拖墨兰生长发育及开花的影响. 黑龙江农业科学,2015,(1):60-62.
[145] 杨锋利,汪茜,杜保国. 温度和不同激素及其浓度和浸种时间对美人蕉种子萌发的影响. 中国农学通报,2015,31(13):126-129.
[146] 余有祥,查琳,徐旻昱,等. 多效唑对盆栽“奥斯特”北美冬青生长和坐果的影响. 江苏林业科技,2015,42

(3):21-23,46.

[147] 张林,颜婷美,高雨秋,等.不同浓度NAA对五个紫薇品种扦插生根的影响.山东农业科学,2015,47(2):49-51,81.

[148] 张锁科,马晖玲.激素调控草地早熟禾分蘖及品种间分蘖力比较研究.草地学报,2015,23(2):316-321.

[149] 张婷婷,王四清.外源激素对大花蕙兰花箭高度的影响.江苏农业科学,2015,43(6):155-157.

[150] 张婷婷.大花惠兰成花质量综合调控技术[D].北京:北京林业大学,2015.

[151] 张艳秋,屈连伟,刘萍萍,等.郁金香组织培养技术研究进展.现代园林,2015,12(4):332-336.

[152] 赵秀荣.不同浓度激素处理对棱角山矾扦插育苗的影响.安徽农学通报,2015,21(13):88-90.

[153] 宗树斌,顾立新,陈少卿,等.蓝雪花嫩枝扦插技术,福建林业科技,2015,42(3):121-124.

[154] 陈志飞,宋书红,张晓娜,等.赤霉素对干旱胁迫下高羊茅萌发及幼苗生长的缓解效应.草业学报,2016,25(6):51-61.

[155] 邓彬.植物生长调节剂在园林植物景观中的应用.现代园艺,2016,(8):103-104.

[156] 郝木征,王甜甜,李萍,等.NAA对美国红枫硬枝扦插生根关联酶活性的影响.园林科技,2016,139(1),19-21,34.

[157] 贺涛,苏丹萍,李楠,等.生长调节剂和基质对东南山茶扦插生根的影响.亚热带植物科学,2016,45(1):83-86.

[158] 何素芬,刘军,顾大勤,等.植物生长调节剂对鹅掌楸生长的影响.现代园艺,2016,(8):5.

[159] 马小丽.三种植物生长调节剂复配剂对盐胁迫下草地早熟禾生长的影响研究[D].北京:北京林业大学,2016.

[160] 李康,李丹青,张佳平,等.鸢尾属植物种子休眠研究进展.植物科学学报,2016,34(4):662-668.

[161] 李敏,王朴,路喆,等.不同激素、处理时间及基质对两种大马士革玫瑰扦插生根率的影响.江苏农业学报,2016,32(1):207-210.

[162] 刘碧容,王艳,周荣,等.6-苄氨基腺嘌呤与温度对“银拖”墨兰开花性状的影响.北方园艺,2016,40(7):74-76.

[163] 吕文涛,周玉珍,娄晓鸣.多效唑和矮壮素对盆栽朱顶红矮化的影响.湖北农业科学,2016,55(16):4214-4216.

[164] 潘晓韵,潘刚敏,葛亚英,等.杂交兰花期调控试验初探.浙江农业科学,2016,57(4):542-545.

[165] 王竞红,刘素欣,王非,等.多效唑对不同生境多年生黑麦草抗旱性的影响.草业科学,2016,33(5):926-934.

[166] 王新亮.植物生长调节剂在园林植物中的应用.中国园艺文摘,2016,32(02):83-85.

[167] 王英,张超,付建新.桂花花芽分化和花开放研究进展.浙江农林大学学报,2016,33(2):340-347.

[168] 王钰,龚固堂,杨宇栋,等.四川野生木本园林植物资源的筛选及观赏特性研究.四川林业科技,2016,37(1):77-80.

[169] 魏猷刚,周达彪,韩勇,等.萘乙酸对绣球花嫩枝扦插生根的影响.仲恺农业工程学院学报,2016,29(4):27-29.

[170] 吴永朋,原雅玲,李淑娟,等.朱顶红鳞茎扦插研究.陕西农业科学,2016,(4):45-48.

[171] 杨迪,甘林叶,李文亭,等.光周期与植物生长调节剂对春石斛生长发育的影响.湖北农业科学,2016,55(4):935-960.

[172] 殷爱华,李鑫,万利鑫,等.不同激素对金花茶圈枝繁殖生根的影响.热带农业学报,2016,36(5):60-63.

[173] 叶升.罗汉松扦插繁殖技术研究.绿色科技,2016,(13):45-46,49.

[174] 于明斌,裘玉珩,王晶,等.植物生长延缓剂S-3307对大叶黄杨生长的影响.中国园艺文摘,2016,(5):3-4,21.

[175] 曾荣,邵闫,杨娟,等.嫁接和喷施抗寒剂对三角梅抗寒性的影响.江苏农业科学,2016,44(1):202-204.

[176] 周锦业,李春牛,卢家仕,等. 不同处理方式对茉莉根插繁殖的影响. 河南农业科学,2016,45(8):112-117.

[177] 安慧珍,罗水金,傅瑞树. 多效唑和烯效唑对 2 种美人蕉的矮化效应. 南方林业科学,2017,45(1):32-33,50.

[178] 侯江涛,凌娜,潘一展. 不同种类有机酸和植物生长调节剂对波斯菊保鲜的影响. 北方园艺,2017,(05):125-129.

[179] 霍妍,赵春莉,刘子平,等. 不同瓶插液对月季切花保鲜效果的研究. 湖北农业科学,2017,56(19):3714-3716.

[180] 刘建新,徐笑寒,丁华侨. 姜荷花种球抗寒生理生化特征及促抗寒药剂效果. 浙江农业学报,2017,(4):575-582.

[181] 梁钜文,刘晓瑭,刘厚诚. 彩色马蹄莲的矮化与促花调控研究进展. 农业工程技术,2017,(13):62-65.

[182] 罗倩,董运常,严过房,等. 植物生长调节剂在园林植物生产及抗逆性上的应用研究. 安徽农学通报,2017,23(16):122-124,157.

[183] 罗珍珍,由翠荣,孔艳辉. 多效唑与矮壮素对不同彩色马蹄莲品种微球的诱导差异. 江苏农业科学,2017,(12):99-102.

[184] 王庆,李艳,尉倩,等. 天竺葵种子萌发特性研究. 种子,2017,36(12):14-16.

[185] 王增池,孔德平,梁风琴,等. 萘乙酸浓度对金边富贵竹水培繁殖效果的影响. 河北农业科学,2017,11(4):31-32.

[186] 魏国良,韦梅琴,唐道城,等. 不同生长调节剂对香石竹扦插生根的影响. 北方园艺,2017,(14):89-91.

[187] 余蓉培,桂敏,阮继伟,等. 植物生长调节剂 GA_3 和 B_9 对长寿花生长发育的影响. 江西农业学报,2017,29(11):73-76.

[188] 周亮,谢桂林,邹义萍. 蓝雪花扦插繁殖技术研究. 西北大学学报(自然科学版),2017,47(1):82-86.

[189] 陈昌铭. 不同植物生长调节剂对杂交兰生长的影响. 安徽农业科学,2018,46(10):97-99,117.

[190] 关紫荆,邹莹,许赛男,等. 植物生长调节剂对冷季型草坪草抗冻能力的调节作用. 植物学研究,2018,7(5):523-527.

[191] 贵红霞. 浅谈植物生长调节剂在花卉繁育中的应用. 现代园艺,2018,(11):87-88.

[192] 李立. GA_3 对普罗旺斯薰衣草种子萌发的影响. 天津农业科学,2018,24(5):71-74.

[193] 李玲,肖浪涛,谭伟明. 现代植物生长调节剂技术手册. 北京:化学工业出版社,2018.

[194] 李晓婷,常铭阳,苑泽宁. 植物生长调节剂对薰衣草繁殖的影响机制研究进展. 现代农业科技,2018,(17):121-123.

[195] 刘萍,范琪琪,丁义峰,等. $CaCl_2$ + 6-BA 对芍药花瓣生理生化特性的影响. 西南农业学报,2018,(1):74-77.

[196] 孙晨,王克凤,董然,等. 植物生长调节剂对百日草生长及开花的影响. 湖北农业科学,2018,57(4):75-78.

[197] 隋永超,冷暖,姜赫男,等. 乙烯利对干旱胁迫下草地早熟禾生理指标的影响. 草业科学,2018,354(4):822-828.

[198] 田高飞. 植物生长调节剂对三角梅生长及开花的影响研究[D]. 福州:福建农林大学,2018.

[199] 王红梅,李争辉. 不同激素配比对月季水培生根及其内源激素含量的影响. 贵州农业科学,2018,46(7):109-112.

[200] 吴琦,付宇辰,闫子飞,等. 喷施茉莉酸甲酯对百合花香的影响. 江苏农业科学,2018,46(6):100-104.

索 引

一、植物生长调节剂品种索引

二、观赏植物名称索引